Lokal
Digital
Unschlagbar

PATRICK HÜNEMOHR

Lokal
Digital
Unschlagbar

**WIE SIE IHR UNTERNEHMEN
MIT DIGITALEM MARKETING VOR ORT
AN DIE SPITZE FÜHREN**

GREVEN VERLAG KÖLN

Inhalt

© Greven Verlag Köln, 2020
Lektorat: Wera Reusch, Köln
Gestaltung: Thomas Neuhaus, Billerbeck
Satz: Thomas Volmert, Köln
Gesetzt aus der Bionik und der Flama
Lithografie: prepress, Köln
Papier: Fly 06
Druck und Bindung: CPI books, Leck
Alle Rechte vorbehalten.
ISBN 978-3-7743-0931-9

Detaillierte Informationen über alle unsere Bücher finden Sie unter:
www.greven-verlag.de

Vorwort

„Wenn wir wollen, dass alles so bleibt, wie es ist, muss alles sich ändern."

Tancredi in „Der Leopard"

Dieser Satz aus einem Roman des italienischen Schriftstellers Giuseppe Tomasi di Lampedusa aus dem Jahr 1958 könnte aktueller nicht sein. Die Wucht der digitalen Transformation zwingt Unternehmen jeder Größe und Branche, sich radikal zu verändern, wenn sie überleben wollen. Insbesondere für lokale Firmen hat die Digitalisierung drastische Folgen. Lange Zeit genügten ein Ladenlokal in attraktiver Lage und etwas Mundpropaganda, um sich einen loyalen Kundenstamm aufzubauen. Doch reicht es längst nicht mehr, nur lokal, vor Ort präsent zu sein. Auch gut laufende Geschäfte, die über eine treue Kundschaft verfügen, geraten mit traditionellen Marketingstrategien an ihre Grenzen. Im schlimmsten Fall ist sogar die Laufkundschaft so sehr mit ihrem Smartphone beschäftigt, dass sie ein Geschäft vor Ort übersieht.

Der lokale Handel muss angesichts von Google, Amazon & Co. aber keineswegs den Kopf in den Sand stecken. Zwar hat das Internet den Wettbewerb verschärft, doch steht man als kleiner oder mittelständischer Unternehmer eher selten in direkter Konkurrenz zu einem chinesischen Anbieter am anderen Ende der Welt. Jede dritte Suchanfrage bei Google ist eine lokale Suchanfrage, 90 Prozent der Konsumenten nutzen das Internet, um lokale Firmen und Dienstleister zu finden, und 33 Prozent aller Konsumenten tun dies sogar jeden Tag! Dies zeigt, dass Kunden eine sehr große lokale Verbundenheit haben und in vielen Fällen auf der Suche sind nach Produkten und Dienstleistungen in ihrer Nähe – sei es ein Restaurant oder ein Einzelhändler, ein Steuerberater, Arzt oder Handwerker. Kunden nutzen gerne die vielen Vorteile, die der lokale Handel gegenüber reinen Onlineangeboten bietet, so zum Beispiel die Beratung, den persönlichen Kontakt, das Ausprobieren, Anprobieren und Anfassen eines Produkts oder ganz einfach nur den kurzen Weg zu einem Dienstleister. Unternehmen vor Ort müssen diese Vorteile nur richtig ausspielen, um weiterhin lokal – und dann auch digital – unschlagbar zu bleiben.

Für das Ladengeschäft und den Handwerksbetrieb ist es deshalb entscheidend, in Sachen Marketing umzudenken und Kunden aus der Nachbarschaft, der Stadt und der Region auch auf digitalem Weg anzusprechen, zu gewinnen und zu halten. Nicht zuletzt die Coronakrise hat deutlich gemacht, wie wichtig es ist, in der Onlinewelt präsent und bekannt zu sein, digitale Kanäle zu nutzen, um den Kontakt zur Kundschaft zu pflegen, und alle Möglichkeiten auszuschöpfen, die das Internet für Marketing und Vertrieb bietet. Sie hat gezeigt, dass lokal global schlagen kann. Die Vizepräsidentin und Chefökonomin der Weltbank hat die Coronakrise bereits als „Sargnagel der Globalisierung" bezeichnet. Also doch alles lokal?

Die Greven Verlagsgruppe in Köln, für die ich tätig bin, verfolgt seit fast 200 Jahren genau dieses Ziel: Firmen in ihrem unmittelbaren Umfeld bekannt zu machen, damit sie Kunden gewinnen und binden können. Dabei hat sich die Verlagsgruppe vielen Veränderungen angepasst, sich stets neu erfunden und weiterentwickelt. Als ich vor knapp 20 Jahren als damals jüngster Geschäftsführer des Unternehmens starten durfte, erklärte mir die Eigentümerin meine Aufgabe in einem Satz: Ich sollte die Verlagsgruppe, die damals zu nahezu 100 Prozent von gedruckten Verzeichnismedien abhing, in eine digitale Zukunft führen. Heute erzielen wir rund 70 Prozent unseres Gesamtumsatzes mit digitalen Produkten und Services.

Unsere Verlagsgruppe hat sich jedoch nicht nur selbst digital transformiert, wir sehen es auch als unsere Aufgabe an, unsere Kunden bei digitalen Marketingmaßnahmen auf vielfache Weise zu unterstützen. Derzeit begleiten wir in mehr als 5.000 Projekten Kunden auf ihrem Weg zum Erfolg beim lokal digitalen Marketing. Darüber hinaus durfte ich kleinen und mittleren Unternehmen in unzähligen Fachvorträgen Tipps und Tricks für erfolgreiches lokal digitales Marketing nahebringen. Die Erkenntnisse daraus stelle ich Ihnen in diesem Buch als integrierte Handlungsanleitung zur Stärkung der Zukunftsfähigkeit

Ihres Unternehmens vor. Aber auch Marketingexperten können davon profitieren, weil ich viele konkrete Insidertipps vorstelle, die in keinem Studium vermittelt werden.

Im Gegensatz zu vielen anderen Büchern über Onlinemarketing konzentriere ich mich ganz auf die Interessen lokaler Firmen. Ich will damit kleinen und mittleren Unternehmen helfen, die auf der Suche sind nach neuen Wegen, weil die bisherigen Erfolgsrezepte nicht mehr funktionieren. Im Vordergrund dieses Buchs steht sein praktischer Nutzwert. Anhand zahlreicher Praxisfälle stelle ich Ihnen gut handhabbare Werkzeuge in verständlicher Sprache vor, ohne Spezialwissen in Technik oder Marketing vorauszusetzen. Das ermöglicht Ihnen nicht nur eine erste Diagnose, wo Ihr Unternehmen steht, sondern hilft Ihnen auch, Ihren Dienstleistern die richtigen Aufträge zu erteilen oder die notwendigen Maßnahmen gleich selbst zu ergreifen. Ich beantworte in diesem Buch all die Fragen, die mir meine Kunden in nahezu jedem Projekt stellen. Aber keine Angst – Sie müssen nicht alles lesen. Falls Sie sich nur für ein bestimmtes Thema interessieren, wählen Sie einfach die Kapitel aus, die Ihre konkrete Frage behandeln. Schauen Sie dazu in die Tabelle auf den folgenden Seiten. Orangefarbene Seiten im Buch enthalten Detailinformationen, die vor allem für Spezialisten von Interesse sind. Außerdem finden Sie am Ende jedes Kapitels einen sogenannten QR-Code [⬛], den Sie mit Ihrem Smartphone scannen können und der Sie auf meine Website www.huenemohr.de weiterleitet. Dort erhalten Sie weitere nützliche Hinweise, die Sie lokal digital unschlagbar machen werden.

Nun wünsche ich Ihnen eine anregende Lektüre. Möge dieses Buch Sie ermutigen, die neuen Herausforderungen anzunehmen. Lokal digitales Marketing ist kein lästiges Übel, sondern eine große, faszinierende Chance! Sie zu nutzen, erfordert Mut zur Veränderung, neues Denken und Handeln. Ich hoffe, dass ich Ihnen dabei behilflich sein kann, und wünsche Ihnen viel Erfolg bei der Umsetzung!

Ihr Patrick Hünemohr

	Kapitel 1 Ihre Webseite	Kapitel 2 Ihr Shop	Kapitel 3 Suchmaschinenwerbung	Kapitel 4 Suchmaschinenoptimierung	Kapitel 5 Sprachsuche	Kapitel 6 Bewertungen
Wie erstelle ich eine gute lokale Website?	×			×	×	
Wie bekomme ich meine Website auf die erste Seite bei Google?	×			×	×	×
Wie komme ich an Neukunden?	×	×	×	×	×	×
Wie bekomme ich gute Bewertungen?	×			×		×
Wie kann ich zusätzlichen Umsatz machen?		×	×	×		×
Wie verbessere ich meinen Service und Support?	×				×	×
Wie verbessere ich meine Kundenbindung?	×				×	×

	Kapitel 7 Google My Business	Kapitel 8 Content-marketing	Kapitel 9 E-Mail-Marketing	Kapitel 10 Messengermar-keting	Kapitel 11 Soziale Medien	Kapitel 12 Standort-basiertes Marketing
Wie erstelle ich eine gute lokale Website?		×				
Wie bekomme ich meine Website auf die erste Seite bei Google?	×	×			×	
Wie komme ich an Neukunden?	×	×	×	×	×	×
Wie bekomme ich gute Bewertungen?	×	×			×	
Wie kann ich zusätzlichen Umsatz machen?	×	×	×		×	×
Wie verbessere ich meinen Service und Support?	×	×	×	×	×	
Wie verbessere ich meine Kundenbindung?	×	×	×	×	×	

1 Ihre Website – das Zentrum Ihres lokal digitalen Marketings

Ihre Website ist der Dreh- und Angelpunkt für Ihr digitales Marketing. Aber nur dann, wenn man sie auch findet. Sie sollten Ihre Website auf das Suchverhalten Ihrer Zielgruppe optimieren und dieser einen echten Mehrwert bieten, damit sie anbeißt. Hier erfahren Sie, wie Sie Ihre Website aufsetzen, für Suchmaschinen liebenswert machen und rechtssicher gestalten.

1.1 Brauchen Sie überhaupt noch eine eigene Website?

Mit dieser provokanten Frage versuchen große Internetkonzerne wie Google oder Facebook zunehmend, kleinen und mittelständischen lokalen Unternehmen den Gedanken schmackhaft zu machen, keine eigene Website mehr zu unterhalten, sondern ihre Angebote zu nutzen. Profilseiten wie Google My Business oder die eigene Facebook-Fanpage, die alle relevanten Unternehmensdaten liefern und gleichzeitig für Zulauf von Kunden aus dem jeweiligen Netzwerk sorgen, sind wichtig. Aber Sie sollten das Rückgrat Ihrer Kundenkontakte nicht komplett aus der Hand geben. Behalten Sie mit Ihrer eigenen Website die Hoheit über Ihr lokal digitales Marketing! Sie ist und bleibt das Zentrum all Ihrer Onlinemarketingaktionen. Und nur das, was Sie selbst in der Hand haben, können Sie steuern und lenken. Im Folgenden nenne ich Ihnen die aus meiner Sicht sieben wichtigsten Argumente für eine eigene Website.

Ihre Website – Ihre Seriosität, Ihr Umsatz

Was halten Sie als Kunde von einem Unternehmen, das nur bei Facebook oder Google existiert und über keine eigene Website verfügt? Eine von Greven Medien in Auftrag gegebene repräsentative Umfrage hat gezeigt, dass etwa jeder Vierte es für unprofessionell hält, wenn ein Unternehmen keine Website hat. Gut sechs Prozent halten ein solches Unternehmen sogar für unseriös. Knapp die Hälfte der Befragten betrachtet ein Unternehmen ohne Website als nicht zeitgemäß. Die wohl wichtigste Erkenntnis dieser Umfrage ist, dass gut ein Drittel zur Konkurrenz wechselt, wenn keine Website vorhanden ist. Wollen Sie dieses Risiko für Ihr Unternehmen eingehen?

Eine fehlende Website ist vergleichbar mit einem schwarzen Vorhang im Schaufenster. Findet Ihr potenzieller Kunde Sie nicht, weil Sie keine oder nur eine Website mit irrelevanten Informationen haben, landet er mit einem Klick bei der Konkurrenz und kauft mit hoher Wahrscheinlichkeit dort ein. Google hat in einer Studie herausgefunden, dass rund 40 Prozent aller Kunden, die vor Ort im Fachhandel kaufen, sich vorher online über das Produkt informiert haben. Bei diesen Suchanfragen dürfen Sie auf keinen Fall fehlen! Deshalb benötigen Sie Ihre eigene Unternehmenswebsite, die bei lokalen Suchanfragen bestmöglich abschneidet.

Ihre Website gehört ganz allein Ihnen

Sie bestimmen, was gesagt, gezeigt, veröffentlicht und geboten wird. Fast noch wichtiger: Sie treten keine Rechte an Texten, Bildern und Links an Dritte wie Facebook oder Google ab. In den meisten Fällen tun Sie laut deren AGBs nämlich genau das, wenn Sie Inhalte auf diesen Netzwerken verbreiten.

Die Adresse Ihrer Website verlängert Ihre Marke ins Internet

Als Unternehmer haben Sie bestimmt eigenes Briefpapier, eine Visitenkarte und ein eigenes Logo – im Internet ist Ihr Schaufenster die Adresse Ihrer Website (auch URL genannt). Bei mir ist das zum Beispiel: https://www.huenemohr.de. Oder möchten Sie mit Ihrem Unternehmen lieber unter https://www.google.de/maps/place/huenemohr/ gefunden werden? So lange URLs verlangen ein starkes Gedächtnis Ihrer Kunden, und ich bin mir sicher, dass Sie so etwas nicht auf Ihrem Briefpapier abdrucken möchten!

Ihre Website ist für alle Internetnutzer erreichbar

Wenn Sie Ihr Unternehmen nur auf Netzwerken präsentieren, die eine Registrierung voraussetzen, wie zum Beispiel Facebook, grenzen Sie potenzielle Kunden aus, die dieses Netzwerk nicht nutzen. Ihnen gehen damit ganz konkret potenzielle Kontakte, Besucher und Kunden verloren. Betrachten Sie Ihre Seite immer als Ihr digitales Epizentrum. Von dieser Mitte ausgehend, können Sie auf Ihre anderen Aktivitäten zum Beispiel in den sozialen Medien verweisen. Umgekehrt bescheren Ihnen diese Kanäle kostenfrei Datenverkehr (Traffic) auf Ihrer Website und erhöhen damit die Besucherzahlen, ohne jemanden auszugrenzen oder Kontrolle abzugeben.

Sie bestimmen die Regeln

Große Netzwerke wie Google, Facebook, LinkedIn oder XING ändern ständig ihre Spielregeln und Algorithmen. Was geschieht, wenn Ihre Posts und Beiträge Ihren Followern und Fans aufgrund von Anpassungen des Algorithmus morgen nicht mehr angezeigt werden? So groß diese Anbieter heute auch sein mögen, es gibt keine Garantie, dass sie auch in Zukunft noch existieren werden. Was auf Ihrer eigenen Website passiert und wie es passiert, liegt dagegen ganz in Ihrer Hand.

Individuelle Gestaltung möglich

Profilseiten von Drittanbietern bieten nur eingeschränkte Möglichkeiten zur Gestaltung. Im Großen und Ganzen zwingen sie Ihnen das Design der Platt-form auf. Damit können Sie Ihre Identität nur begrenzt darstellen. Stellen Sie sich vor, alle Schaufenster, alle Arztpraxen und die Logos aller Handwerker sähen gleich aus. Wodurch unterschiede sich der eine dann vom anderen? Wie könnte dann jemals eine Marke aufgebaut werden und Markenbekanntheit entstehen?

Fans und Follower gehören Ihnen

Ihre Fans, die von Ihnen und Ihrem Unternehmen begeistert sind und zum Bei-spiel Ihren Newsletter abonnieren, bleiben bei Ihnen und gehören nicht einer dritten Plattform. Sie können mit Ihren Fans so oft und so viel kommunizie-ren, wie Sie das für richtig halten. Dagegen gehören Fans auf Drittplattformen leider immer nur der Plattform und nicht Ihnen. Selbst wenn diese Menschen bei Ihnen über Amazon einkaufen, gehören sie doch der „Plattform Amazon"! Der Fall der Stadt München zeigt, was das im schlimmsten Fall bedeuten kann: 2012 nahm Facebook der Stadt ihre Fanpage ab und erklärte, das Unternehmen werde die Seite mit damals immerhin 400.000 Fans nun selbst betreiben. Die-ses Beispiel zeigt eindringlich, wie groß die Macht von Plattformen mittler-weile geworden ist und wie sie ihre Macht bei Bedarf einsetzen!

1.2. Die wichtigsten Tipps und Tricks für Ihre perfekte Website

Lokal relevante Suchworte

Die optimale Auffindbarkeit Ihrer Website im lokalen Umfeld beginnt mit den richtigen Suchworten (Keywords). Bevor wir tiefer in die Thematik eintauchen, möchte ich Sie bitten, sich selbst einmal zu fragen, mit welchen Suchbegriffen Ihr potenzieller Kunde über Suchmaschinen auf Sie und Ihre Produkte oder Dienstleistungen aufmerksam werden soll?

Diese Frage ist deshalb so wichtig, weil bei der Definition der richtigen Suchbegriffe leider die meisten Fehler gemacht werden. Viele Unternehmer definieren die Suchbegriffe aus ihrer eigenen Perspektive heraus und nicht aus der ihrer potenziellen Kunden. Möglicherweise bringt Ihnen der erste Platz auf einer Suchmaschinenergebnisseite für einen branchenspezifischen Suchbegriff die Bewunderung Ihrer Mitbewerber ein. Wenn es aber nicht genügend Nutzer gibt, die nach diesem Begriff suchen, also kein lokal relevantes Suchvolumen von Nutzern hinter diesem Treffer liegt, haben Sie Ihr Ziel dennoch verfehlt: nämlich möglichst viele Neukunden zu gewinnen.

Versuchen Sie zunächst, fünf bis zehn Suchbegriffe aus Nutzerperspektive zu finden. Überlegen Sie Suchworte, die ein potenzieller Kunde vermutlich wählen würde, wenn er Sie finden möchte. Wenn Sie eine Dachdeckerei in Köln betreiben, wäre dies zum Beispiel: „Dachdecker Köln". Wenn Ihnen nichts einfällt, dann fragen Sie einfach Ihre Kunden, wie sie auf Ihr Unternehmen gekommen sind und welchen Begriff sie bei Google oder einer anderen Suchmaschine eingegeben haben, um Sie zu finden.

Tipp: Wenn Sie wissen wollen, wie andere Nutzer nach Ihrer Branche gesucht haben, dann geben Sie einfach mal im Google-Suchschlitz ganz langsam – Buchstabe für Buchstabe, Wort für Wort – Ihre lokalen Suchworte ein. Unterhalb des Suchschlitzes tauchen dabei Suchwortvorschläge auf, die Google Ihnen automatisch macht (Google Suggest). Diese Vorschläge basieren auf den häufigsten Suchanfragen von Nutzern und sind eine gute Anregung für Ihre Suchwortrecherche.

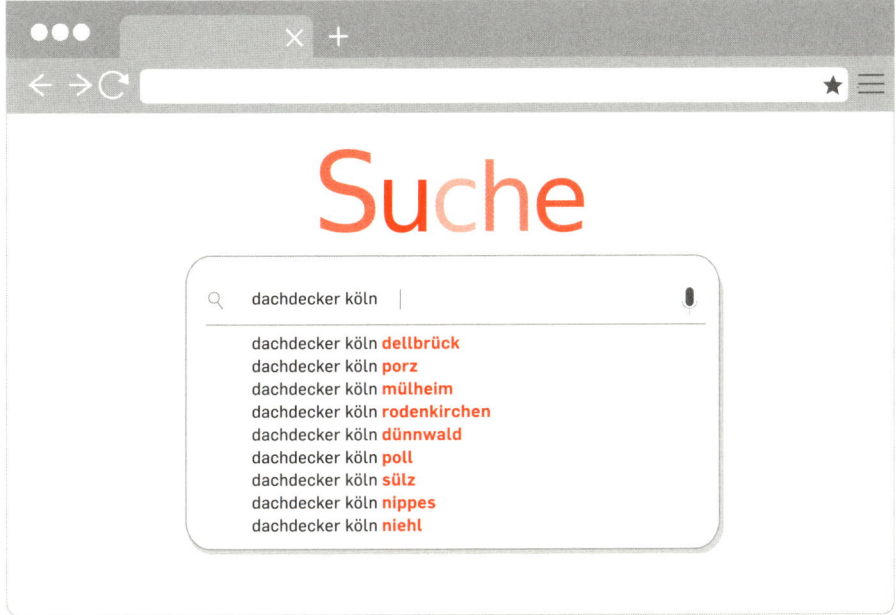

Nachdem Sie die fünf bis zehn besten Suchworte herausgefunden haben, mit denen Nutzer zu Ihrem Unternehmen gelangen, schauen wir uns an, welche Ihrer Begriffe das größte „relevante" Suchvolumen für Sie haben. Mit kosten-freien Tools wie zum Beispiel dem Google Keyword-Planer [▨] lässt sich das Suchvolumen bei Google messen. Wenn Sie das Keyword „Dachdecker" oder die Kombination „Dachdecker Köln" eingeben, bekommen Sie eine erste Ein-schätzung, mit wie vielen Suchen Sie rechnen können.

In unserem Beispiel ist das Suchvolumen für „Dachdecker Köln" mit 1.600 Suchanfragen/Monat natürlich deutlich größer als zum Beispiel für „Dachdecker Köln Porz" mit nur rund 40 Suchanfragen/Monat. Es kann allerdings deutlich einfacher sein, mit der Suchwortkombination „Dach-decker Köln Porz" bei Google auf die erste Seite zu kommen, als mit dem viel allgemeineren Suchbegriff „Dachdecker Köln". Der Grund dafür liegt auf der Hand, denn bei allgemeinen Suchbegriffen streiten sich deutlich mehr Wettbewerber um attraktive Positionen, während „lokale Nischen" wie „Dachdecker Köln Porz" viel weniger Wettbewerber liefern. Denken Sie in Großstädten lieber in lokalen Nischen! Auf dem Land kann hingegen genau das Gegenteil sinnvoll sein, denn dort liefern kleine Orte einfach zu wenig oder womöglich gar kein Suchvolumen für Ihre Suchworte. Dann kann der Landkreis oder sogar das Bundesland die passende Suchwortkombination ergänzen.

Damit haben Sie den ersten Schritt bereits geschafft. Die Suchworte, die Sie auf das relevante Suchvolumen überprüft haben werden wir in den nächsten Schritten in Ihrer Website verankern und auffindbar machen.

Die perfekte Struktur Ihrer Website

Eine gut strukturierte Website verleiht Ihrem Unternehmen Glaubwürdigkeit. Häufig ist Ihre Website der viel zitierte „erste Eindruck", den ein Neukunde von Ihnen hat. Eine schnelle Übersicht über Ihre Produkte und Leistungen sowie eine klare Darstellung von Adresse und Kontaktmöglichkeiten erleichtern es Ihren Kunden, mit Ihnen in Kontakt zu treten. Eine gut strukturierte Website macht es aber auch für Suchmaschinen einfacher, Ihre Seiten und Ihre Inhalte zu analysieren und in die Suchergebnisse aufzunehmen.

Gliedern Sie zunächst die Inhalte, Dienstleistungen oder Produkte, die Sie anbieten, in thematische Blöcke, die sich inhaltlich klar voneinander unter-scheiden. Am Beispiel unserer Dachdeckerei wäre der erste thematische Block „Dachdeckerei", Block zwei „Fotovoltaik" und Block drei „Wartung und Inspektion". Ordnen Sie anschließend alle Bereiche den entsprechenden Blö-cken zu. Zu „Wartung und Inspektion" kommen in unserem Beispiel die Unter-punkte „Dachrinnenreinigung", „Reinigung von Flachdächern" und „Erken-nung von Korrosionsschäden".

Am besten fertigen Sie solch eine Skizze an, bevor Sie mit Ihrer Website starten. Das hilft Ihnen, sich die grundlegende Struktur Ihres Angebots zu verdeutlichen und die richtigen Schwerpunkte zu setzen.

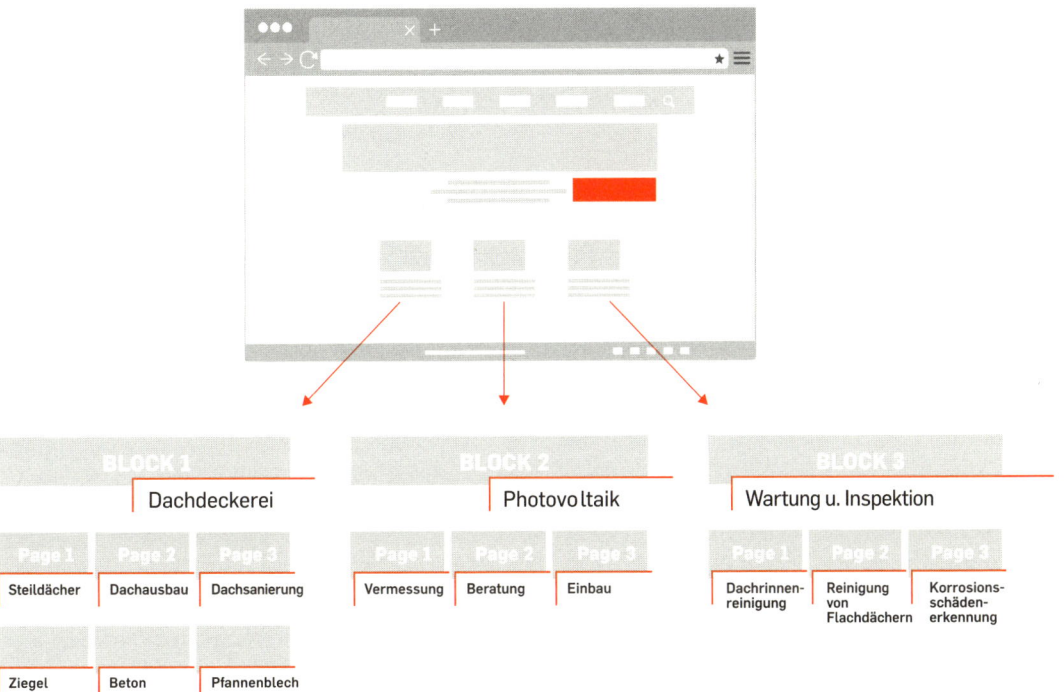

Tipp: Halten Sie die Architektur Ihrer Seite so flach wie möglich. Nutzer klicken sich erfahrungsgemäß nur ungern durch zu viele Ebenen. Als Faustregel kann gelten: Der Nutzer sollte nicht mehr als drei Klicks benötigen, um auf die letzte Ebene Ihrer Website zu gelangen. Verlinkungen innerhalb Ihrer Website helfen den Besuchern, sich auch über angrenzende Themen zu informieren. Gleiches gilt für Suchmaschinen, die Ihre Website dadurch besser und schneller erfassen können. Vermeiden Sie es aber, kreuz und quer über Ihre Website zu verlinken. Besser ist es, wenn Sie innerhalb des jeweiligen Blocks bleiben.

Lokal sprechende Domainnamen

Nomen est omen. Das gilt auch für den Namen, unter dem Ihre Website im Internet zu finden ist (Domain). Die meisten Unternehmen verwenden dazu einfach ihren Firmennamen und vergessen dabei die beiden lokalen Signale, die sowohl für Nutzer als auch für Suchmaschinen wichtig sind: den Ort und die Branche. Denken Sie auch dabei wieder an das für Ihr Unternehmen wichtigste Suchwort. Wenn Sie all das berücksichtigen, dann haben Sie eine optimale, lokal aussagekräftige Domain, wie zum Beispiel: www.dachdecker-huber-koeln.de. Versuchen Sie bei der Auswahl Ihrer Domain folgende Struktur einzuhalten:

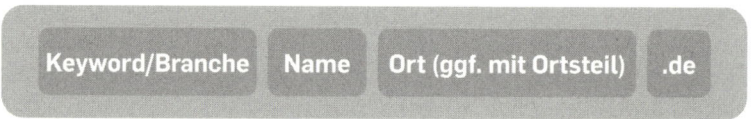

Es gab Zeiten, als Websites mit sogenannten Keyword-Domains (wie zum Beispiel www.dachdecker-koeln.de) und etwas Suchmaschinenoptimierung sehr große Erfolge erzielen konnten. Es dauerte jedoch nicht lange, bis die großen Suchmaschinen erkennen konnten, ob sich die in der Domain vorgetäuschte Relevanz auch tatsächlich inhaltlich auf der Website widerspiegelte. Inzwischen haben alle großen Suchmaschinen erklärt, dass Keyword-Domains kein Rankingfaktor (Faktor, der für eine gute Platzierung bei Suchmaschinen herangezogen wird) mehr sind. Dennoch sind Keyword-Domains nach wie vor von Bedeutung, und zwar aus folgendem Grund: Stellen Sie sich vor, Sie suchen einen Malerbetrieb im Kölner Stadtteil Rodenkirchen und erhalten dazu folgende Treffer:

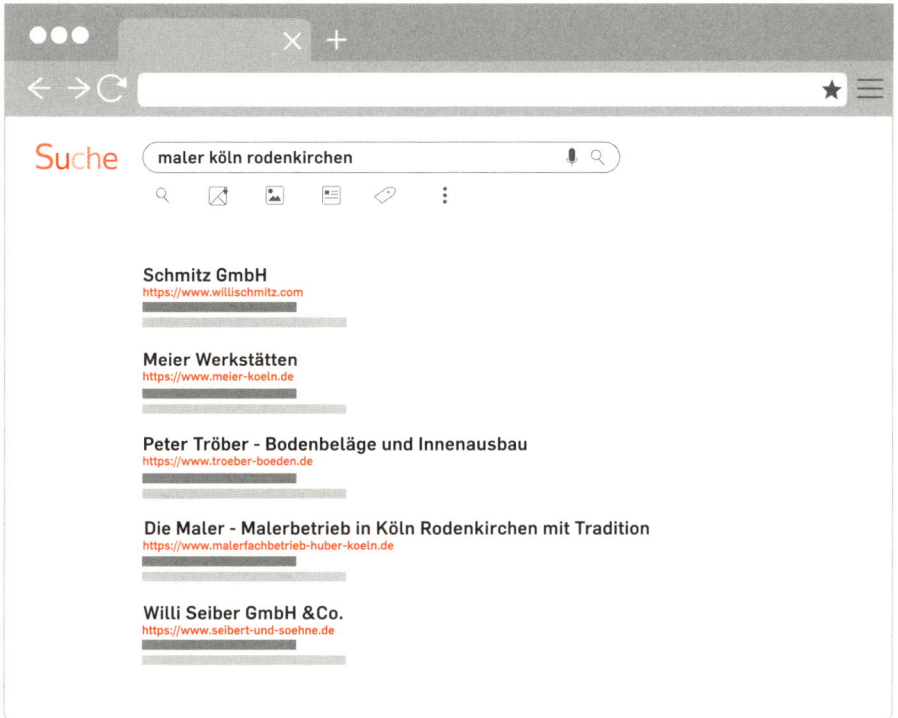

Welchen Eintrag würden Sie zuerst anklicken? Ich würde auf den vierten Eintrag klicken, denn ich sehe anhand der Domain (www.malerfachbetrieb-huber-koeln.de) und der Seitenbeschreibung (Malerbetrieb in Köln Rodenkirchen mit Tradition), dass es sich aller Wahrscheinlichkeit nach um einen Maler in Köln-Rodenkirchen handelt – also um genau das, was ich gesucht habe. Diese Genauigkeit sollten Sie in Ihrem Domainnamen ebenfalls zum Ausdruck bringen. Da ich wahrscheinlich nicht der einzige Nutzer bin, der den vierten Eintrag anklickt, werden die Algorithmen der Suchmaschine diese Seite auf der Liste der Suchergebnisse peu à peu weiter nach oben rücken lassen. Ein kleiner Unterschied mit großer Wirkung!

Lokal sprechende Seitentitel

Nachdem wir die passende lokale Domain für Ihre Website gefunden haben, werden wir nun die wichtigsten Unterseiten Ihrer Website lokal fit machen. Der Titel einer Unterseite (Title Tag) verrät dem Nutzer, der über eine Suchmaschine auf Ihre Website kommt, was ihn dort erwartet. Ein guter aussagekräftiger lokaler Seitentitel zählt außerdem zu den zehn wichtigsten Faktoren, die Suchmaschinen nutzen, um eine Website in der Ergebnisliste zu platzieren. Entsprechend wichtig ist daher ein optimierter Seitentitel, vor allem im lokalen Umfeld. Dabei ist Folgendes zu beachten:

- Setzen Sie das wichtigste Suchwort an die erste Stelle (zum Beispiel Ihre Branche: Dachdeckerei). Wenn ein Nutzer den Begriff „Dachdeckerei" in eine Suchmaschine eingibt, wird dieses Keyword aus Ihrem Seitentitel sogar in Fettschrift hervorgehoben!
- Der Titel sollte 50 bis 60 Zeichen (inklusive Leerzeichen) auf keinen Fall überschreiten, ansonsten kürzen Suchmaschinen den Titel mit „..." ab. Das sieht nicht nur unschön aus, sondern wirkt auch unprofessionell.
- Verwenden Sie nach dem wichtigsten Keyword Ihren Unternehmensnamen.
- Anschließend kommt der Ort, in dem Ihr Unternehmen ansässig ist – bei Großstädten kann es sinnvoll sein, zusätzlich den Stadtteil aufzuführen. Auf diese Weise fassen Nutzer, die aus Ihrem Viertel kommen, leichter Vertrauen. Suchmaschinen bewerten diese Information bei einer lokalen Suche höher als eine zu allgemeine Angabe.
- Fügen Sie dann ein Alleinstellungsmerkmal an, wie zum Beispiel „Flachdachspezialist" oder „Dachsanierung".
- Schließen Sie den Seitentitel mit einer Handlungsaufforderung ab, wie zum Beispiel: „Jetzt Angebot einholen" oder „Vor-Ort-Termin vereinbaren".
- Jede Unterseite Ihrer Website muss einen eigenständigen Seitentitel bekommen. Sollte Ihr Internetauftritt zum Beispiel 20 Einzelseiten umfassen, müssen Sie sich die Arbeit machen, 20 einzelne Seitentitel anzufertigen.

- Titel und Inhalt (Content) der jeweiligen Seite müssen übereinstimmen. Das heißt konkret: Wenn Sie eine Seite mit viel Inhalt zum Thema Fotovoltaik aufgebaut haben, dann muss der Seitentitel auch das Suchwort Fotovoltaik mitliefern. Suchmaschinen überprüfen sofort beim ersten Crawlen der Seite, ob der Content, der im Titel versprochen wird, auf der Seite auch wiederzufinden ist. Wenn das der Fall ist, wird sich Ihre Position auf der Ergebnisliste kontinuierlich verbessern!

Um Ihnen den Aufbau des Seitentitels zu erleichtern, empfehle ich dieses Schema für die Startseite:

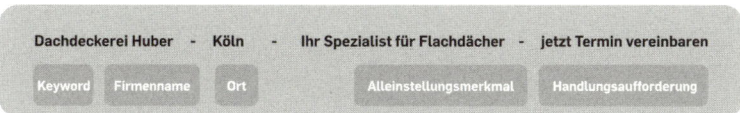

Für alle Unterseiten empfehle ich folgenden Aufbau:

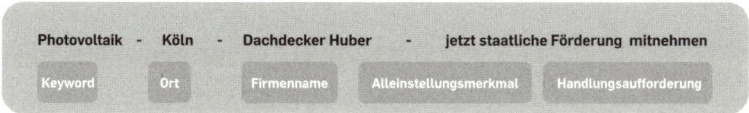

Im QR-Code am Ende des Kapitels finden Sie weitere Tools, um perfekte Seitentitel zu erstellen [▨].

Meta Description – das Salz in der Suppe

Ihre neue Website verfügt jetzt über eine lokal optimierte Domain und perfekte lokale Seitentitel, die das Besondere Ihres Unternehmens hervorheben. Jetzt fehlt nur noch eine 100 bis 150 Zeichen lange Beschreibung der Inhalte, die Sie auf Ihrer Website bieten – die sogenannte Meta Description. Sie ist das Salz in der Suppe, denn Suchmaschinen greifen auf diese Beschreibung zu und zeigen sie in den Suchergebnislisten an.

Die Meta Description ist gewissermaßen der erste Kontaktpunkt, den Sie einem potenziellen neuen Websitebesucher bieten. Je besser und präziser dieser Kontaktpunkt formuliert ist, desto eher regt er zum Anklicken an, und Sie haben einen weiteren potenziellen Kunden auf Ihre Website geführt. Ziel erreicht!

Ähnlich wie bei den Seitentiteln sollten Sie auch bei der Meta Description unbedingt das wichtigste Suchwort und lokale Informationen (wie Ort oder Ortsteil) nennen. Außerdem kann sie konkrete Handlungsempfehlungen enthalten, wie zum Beispiel „jetzt kostenfreie Erstberatung anfordern", „kostenfreie Checkliste herunterladen" oder „kostenfreie Muster bestellen". Mit diesen klaren Signalen heben Sie sich von Ihrer lokalen Konkurrenz ab und erhöhen die Zahl der Klicks (Klickrate) bei den Suchmaschinen.

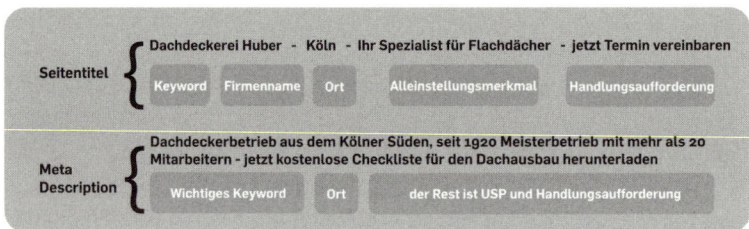

Die Meta Description hat zwar keinen direkten Einfluss auf Ihre Position in den Ergebnislisten der Suchmaschinen. Wenn sie gut geschrieben ist, wird der Nutzer jedoch eher auf Ihr Angebot klicken als auf das Ihres Wettbewerbers, der sich diese Mühe nicht gemacht hat. Somit können Sie sich im lokalen Ranking sehr wohl über eine bessere Klickrate freuen.

Wie bei den Seitentiteln müssen Sie für jede einzelne Unterseite Ihrer Website eine eigene Meta Description anlegen. Auch dabei gilt: Der Beschreibungstext muss dem entsprechen, was der Nutzer auf Ihrer Website findet.

Eine Website mit SSL-Verschlüsselung (SSL = Secure Socket Layer), also eine verschlüsselte Netzverbindung zwischen Ihrem Server und dem Browser des Nutzers, ist ein Muss für jeden Websitebetreiber. Sie zeigen damit, dass Sie verantwortungsbewusst mit der Sicherheit Ihrer Besucher umgehen. Außerdem hat der Suchmaschinenbetreiber Google schon 2014 erklärt, eine SSL-Verschlüsselung sei ein Rankingfaktor für die Suchergebnisse. Das heißt konkret, dass sich die Position Ihrer Website im lokalen Umfeld nachhaltig verschlechtert, wenn Sie keine SSL-Verschlüsselung einsetzen. Google geht in seinem eigenen Browser (Chrome) auch sehr strikt mit Seiten ohne Verschlüsselungstechnik um und blendet folgenden Warnhinweis ein:

Fragen Sie sich selbst: Betreten Sie gerne ein Ladenlokal, bei dem vorher nicht klar ist, ob Sie unversehrt wieder herauskommen?

Basisinformationen für Ihre lokale Zielgruppe

Welche Informationen wünschen sich Websitebesucher von einem Unternehmen? Greven Medien hat dazu eine repräsentative GfK-Onlineumfrage in Auftrag gegeben, deren Ergebnisse in der folgenden Tabelle dargestellt sind. Sie können diese Aufstellung nutzen, um zu überprüfen, ob ihre Website diese Erwartungen erfüllt. Machen Sie sich doch mal den Spaß und prüfen Sie, ob Ihre Website die Antworten auf die folgenden Fragen liefert:

Das suchen Kunden auf einer Unternehmenswebsite	Erfüllt meine Website
	Ja/Nein
Neun von zehn Websitebesuchern erwarten, Ihre aktuellen Öffnungszeiten vorzufinden. Vergessen Sie nicht, anzugeben, wenn sich Ihre Öffnungszeiten saisonbedingt ändern.	
Knapp 80 Prozent ist es wichtig, Preislisten vorzufinden, besonders ausgeprägt ist das Preisbewusstsein bei den 14- bis 19-Jährigen.	
Rund 77 Prozent wünschen sich eine gute Produkt- und Angebotsübersicht über Ihr Leistungsspektrum.	
Gut 77 Prozent wünschen sich eine leichte Kontaktmöglichkeit. Verfügt Ihre Website über E-Mail-Funktion, Kontaktformular, Rufnummern zu direkten Ansprechpartnern, Chatfunktion?	
Gut 77 Prozent suchen exakte Adressangaben, um den Weg zu Ihrem Unternehmen finden zu können.	
Rund 30 Prozent möchten sich Bewertungen über Ihr Unternehmen ansehen können.	
Gut fünf Prozent erwarten Links zu Social-Media-Kanälen Ihres Unternehmens.	

Wenn Sie all diese Anforderungen bereits erfüllen, dann sind Sie hervorragend aufgestellt. Punkte, die noch fehlen, sollten Sie alsbald umsetzen, denn

Ihre Website wird in Zukunft mehr denn je der zentrale Ausgangspunkt sein für Ihren perfekten lokalen Onlinemarketing-Mix.

Holistischer lokaler Content

„Content ist King", hat Bill Gates schon 1996 erkannt und damit zum Ausdruck gebracht, dass der Inhalt einer Website maßgeblich für deren Erfolg verantwortlich ist. Dieser Grundsatz gilt noch heute und insbesondere auf lokaler Ebene. Doch gibt es inzwischen eine entscheidende Veränderung. Während sich der Inhalt in der Vergangenheit stark an den optimalen Suchworten ausgerichtet hat und die Verständlichkeit für den Nutzer eine untergeordnete Rolle spielte, wird inzwischen „holistischer" Content bevorzugt. Was verbirgt sich dahinter? Das Wort „holos" stammt aus dem Griechischen und bedeutet „ganz" oder „umfassend". Holistischer Content zeichnet sich dadurch aus, dass die Website möglichst alle Fragen eines Besuchers beantwortet. Ein wesentlicher Grund für diese Entwicklung ist, dass die Suchmaschinen inzwischen deutlich schlauer geworden sind und exakt beurteilen können, ob der Inhalt einer Website für die Suchanfrage relevant ist. Suchmaschinen sind heute durch Machine Learning und künstliche Intelligenz so präzise, dass sie die Frage eines Nutzers mit dem bestmöglichen Content einer Zielseite beantworten. Diesen Anspruch sollte Ihre Website erfüllen.

Ich will Ihnen dies am Beispiel unserer Dachdeckerei kurz erläutern. In der Vergangenheit reichte es beim Thema Fotovoltaik aus, die Technik kurz zu beschreiben und mitzuteilen, dass das Unternehmen gerne ein Angebot für eine Anlage erstellen kann. Der holistische Ansatz rückt mögliche Nutzerfragen in den Mittelpunkt. Die Website sollte deshalb erläutern, was Fotovoltaik ist und was sie an Energie für ein Einfamilienhaus liefern kann, welche Kosten mit einer Anlage verbunden sind, ob es einen staatlichen Zuschuss gibt, wie die Anlage mit einem Stromspeicher zusammenpasst, welche Dachformen sich am besten eignen und welche Ausrichtung das Haus haben sollte. Sie sollte am besten sogar einen Rechner anbieten, der die eingesparten Energiekosten anzeigt.

Und wenn Sie sich den Spaß erlauben, den Suchbegriff Fotovoltaikanlage bei Google einzugeben, dann sehen Sie, dass Google dem Nutzer genau diese Suchanfragen vorschlägt, zu denen wir holistischen Content aufgebaut haben! Spannend, oder?

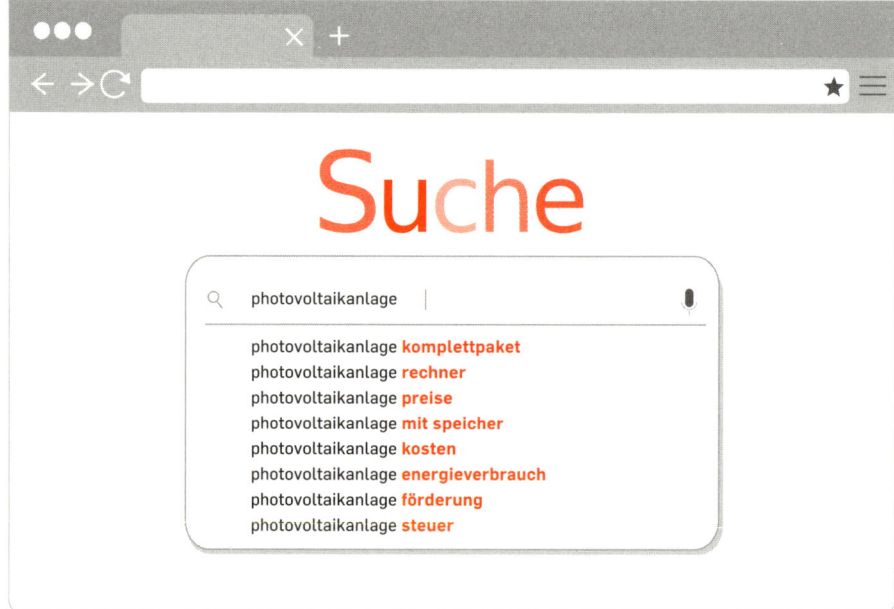

Im Kapitel 8 zeige ich Ihnen anhand weiterer Beispiele, wie Sie spannenden holistischen Content erzeugen können.

Abgerundet wird das Ganze für die lokale Relevanz, wenn der Dachdeckerbetrieb noch Angaben zu seiner Expertise in diesem Bereich macht (Siegel, Prüfungen, Qualifizierungen), regionale Fotovoltaikprojekte vorstellt und – ganz wichtig – lokale Kundenempfehlungen präsentiert. Dann haben wir den besten lokalen holistischen Content, den sich ein Nutzer wünschen kann und auf den die Suchmaschine verweisen wird.

Nach einer Studie der US-Firma Visual Objects aus dem Jahr 2019 werden Bilder und Videos (visueller Content) für kleine und mittelständische Unternehmen in Zukunft die zentrale Rolle spielen. Nicht erst seit dem Erfolg von rein bild-basierten Plattformen wie Instagram oder Pinterest dominieren Bilder und Videos zunehmend auch Firmenwebsites.

Bei der Einbindung von Bildern auf Ihrer lokalen Website ist zu beachten, dass diese sich möglichst schnell laden und sowohl auf dem Desktop als auch auf dem Smartphone optimal dargestellt werden.

Über den QR-Code am Ende des Kapitels finden Sie ein Google-Tool, mit dessen Hilfe Sie die Ladezeit ihrer Bilder überprüfen können [▓].

Außerdem muss jedes Bild ein sogenanntes alt-Attribut bekommen, das im Quelltext Ihrer Seite verankert wird. Falls ein Bild nicht geladen werden kann, erscheint dann stattdessen ein hinterlegter Text. Das alt-Attribut ist ein ver-steckter großer Hebel, denn Sie können darin relevante Begriffe unterbrin-gen, die von Suchmaschinen gelesen und zum Beispiel in der Bildersuche von Google angezeigt werden. Wenn Sie also dem Gruppenbild Ihrer Dachdecke-rei das alt-Attribut „Dachdecker Köln Rodenkirchen" mitgeben, werden Sie bei einer entsprechenden Bildersuche mit Sicherheit auf der ersten Seite bei Google auftauchen. Lokal relevant, oder?

Wartezeiten reduzieren
Sie kennen die Situation, dass ein Kunde in Ihrem Geschäft ungeduldig wartet, während Sie noch einen anderen beraten. Genauso verhält es sich im Internet. Nutzer sind ungeduldig und nur sehr kurze bis gar keine Wartezeiten gewöhnt. Auch Suchmaschinen erwarten kurze Lade- und Antwortzeiten von Websites. Google betrachtet die Ladegeschwindigkeit – speziell für mobile Websites – als Rankingfaktor. Das bedeutet, dass Sie beim Aufbau Ihrer Website, und insbeson-dere Ihrer mobilen Website, darauf achten müssen, dass die Inhalte in weniger

als drei Sekunden vollständig geladen und für den Nutzer verfügbar sind. Sollte das nicht der Fall sein, wird Ihre Website auch in den lokalen Suchergebnissen stetig an Relevanz verlieren. Sie büßen damit Plätze auf den Suchergebnisseiten ein und verlieren schnell den Anschluss gegenüber Ihren Wettbewerbern.

Über den QR-Code am Ende dieses Kapitels finden Sie ein Google-Tool, mit dessen Hilfe Sie die Geschwindigkeit Ihrer Seite überprüfen können [▨].

Responsives Webdesign für die mobile Nutzung Ihrer Seite

Um Ihre Seiten für die mobile Nutzung fit zu machen, benötigen Sie ein sogenanntes responsives Webdesign. Es sorgt dafür, dass Ihre Website nicht nur auf einem klassischen Desktop-Computer fehlerfrei angezeigt wird, sondern auch auf deutlich kleineren Bildschirmen, zum Beispiel von Smartphones, weil es automatisch erkennt, welche Bildschirmgröße der Nutzer verwendet.

Falls Sie denken, das sei doch sicher schon überall der Fall, irren Sie sich leider. Ein Test von mehr als 70.000 Websites von kleinen und mittleren Unternehmen im Jahr 2019 hat ergeben, dass etwa 42 Prozent nicht auf die mobile Nutzung eingestellt waren. In der Branche der Ärzte betrug der Anteil nicht mobil optimierter Websites etwa 50 Prozent, bei Anwälten lag er sogar bei mehr als 52 Prozent.

Google bewertet seine Suchergebnisse seit 2018 primär über Inhalte, die auf der mobilen Version einer Website gefunden werden, und bezeichnet diese Vorgehensweise als „Mobile-First-Indexing". Daran wird deutlich, welche Relevanz einer mobilfähigen Website und deren Inhalten beigemessen wird.

Über den QR-Code am Ende des Kapitels finden Sie ein Tool, mit dem Sie prüfen können, ob Ihre Website schon für die mobile Nutzung vorbereitet ist [▨].

Fällt das Ergebnis negativ aus, sollten Sie dringend handeln. Denn Google wird Ihre Website deutlich benachteiligen, wenn Sie über kein responsives Design verfügt. Außerdem nutzen 92 Prozent der Konsumenten vor oder während ihres Einkaufs ein Smartphone.

Bei der mobilen Optimierung sollten Sie darauf achten, dass die Website nicht länger als drei Sekunden benötigt, bis alle Inhalte geladen sind. Berücksichtigen Sie auch die Handhabung der Geräte: Mobile Nutzer bedienen Ihr Smartphone entweder mit dem Daumen oder mit dem Zeigefinger. Achten Sie darauf, dass Menüpunkte und Buttons nicht zu klein sind und nicht zu nahe nebeneinander liegen. Achten Sie außerdem darauf, dass Ihre Inhalte gut strukturiert, leicht verständlich und vor allem übersichtlich dargestellt sind. Der erste Eindruck Ihrer mobilen Website muss schnell beim Nutzer ankommen, denn der Bildschirm ist deutlich kleiner!

Strukturierte Daten mit Schema.org

Mit sogenannten strukturierten Daten lässt sich Ihre Website hervorragend von anderen lokalen Wettbewerbern abheben. Eine Untersuchung von 17.000 Websites kleiner und mittelständischer Unternehmen durch Greven Medien 2017 ergab, dass weniger als fünf Prozent strukturierte Daten nutzen, um sich in der Google-Trefferliste sichtbar vom Wettbewerb abzuheben. Die Basis, auf der wir die strukturierten Daten Ihrer Website den Suchmaschinen zugänglich machen, fußt auf Schema.org, einer Initiative der vier größten Suchmaschinen der Welt: Google, Microsoft BING, Yahoo und Yandex.

Was sich zunächst kompliziert anhört, ist bei genauerer Betrachtung sehr einfach zu handhaben und führt zu grandiosen Ergebnissen, insbesondere bei der lokalen Suche. Strukturierte Daten präsentieren wesentliche Inhalte Ihrer Website den Suchmaschinen quasi auf dem Silbertablett und können von diesen damit besser und vor allem genauer verarbeiten werden.

So können Sie zum Beispiel Ihr Firmenlogo, die Öffnungszeiten, akzeptierte Zahlungsarten, Adressdaten, Bewertungen oder die Beschreibung, in welchem Umkreis Sie Ihre Dienstleistungen anbieten, in strukturierten Daten darstellen. Die Informationen werden dadurch nicht nur besser lesbar für die Suchmaschinen, sie werden auch in der Trefferliste deutlich prominenter dargestellt.

Dadurch heben Sie sich vom lokalen Wettbewerb ab und dürfen höhere Besucherzahlen erwarten.

Dank der Angabe von strukturierten Daten werden zum Beispiel bei der Suche nach „Öffnungszeiten Kölner Dom" auch die nächsten Veranstaltungstermine in der Kathedrale, die genaue Adresse und vieles mehr angezeigt.

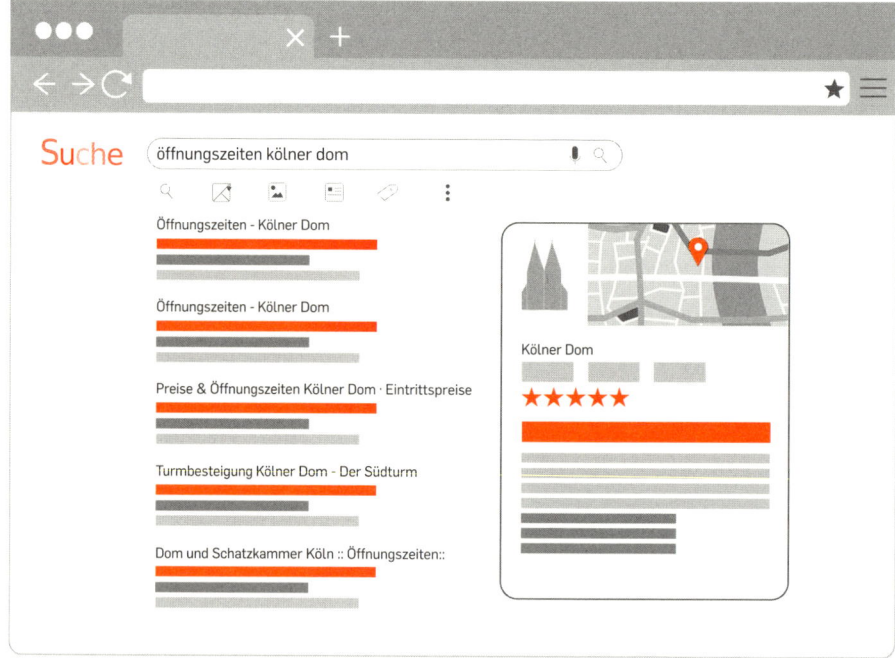

Um strukturierte Daten in Ihre Website einzubinden, gehen Sie auf die Seite https://www.google.com/webmasters/markup-helper/u/0/ [▦] und wählen „Lokale Unternehmen" aus. Dort tragen Sie im unteren Bereich die Internetadresse (URL) Ihrer Startseite ein, zum Beispiel www.meineadresse.de. Dann markieren Sie die Stellen Ihrer Homepage, die Adresse, Öffnungszeiten, Bewertungen usw. enthalten. Google erstellt anschließend automatisch einen Quellcode, den Sie nur noch auf Ihrer Website einbinden müssen, und schon ist das strukturierte lokale Silbertablett für Google, BING und Co. fertig.

Die korrekte Umsetzung können Sie mit einem Link prüfen, den Sie im QR-Code am Ende des Kapitels finden [▓].

Messen, messen und nochmal messen

Nur was Sie messen, können Sie auch beurteilen, anpassen und verbessern. Nutzen Sie dafür geeignete kostenfreie Analysewerkzeuge wie Matomo oder Google Analytics. Die Analytics Academy von Google [▓] bietet sowohl Anfängern als auch Fortgeschrittenen einen kostenlosen Einstieg in die Thematik. Folgende wichtige Kennzahlen sollten Sie im Auge behalten:

- Die Zahl der Besucher auf Ihrer Website. Sie wird unterteilt nach Nutzern und Sitzungen. Ein Nutzer kann mehrere Sitzungen auslösen, bleibt aber immer nur ein Nutzer.
- Das Verhältnis von neuen Besuchern (Neukunden) zu wiederkehrenden Besuchern (Stammpublikum).
- Die Besuchsdauer – eine lange Besuchsdauer spricht für echte Interessenten, alles unter zehn Sekunden sollten Sie nicht als Erfolg werten.
- Die Absprungrate – sie beschreibt das Verhältnis der Besucher, die nur eine Seite sehr kurz angeschaut haben, im Vergleich zu allen Besuchern. Eine Absprungrate von unter 60 Prozent gilt als akzeptabel.
- Die durchschnittliche Seitenladezeit – alles unter drei Sekunden ist gut.
- Die Conversion-Rate, die das Verhältnis von Besuch zu getätigter Transaktion angibt. Eine Transaktion ist zum Beispiel eine Newsletter-Anmeldung, eine Bestellung im Shop oder das Abschicken des Kontaktformulars.
- Die Zugriffsquellen, die anzeigen, wie ein Besucher zu Ihnen gekommen ist, also ob er Ihre Website direkt aufgerufen hat oder über eine Suchmaschine, eine andere Website oder Social Media zu Ihnen geleitet wurde.

Kontakte, Kontakte und nochmal Kontakte

Ihre neue Website hat jetzt die perfekte Form, um lokal gefunden zu werden. Was jetzt noch fehlt, sind konkrete Kontakte. Sie wollen ja nicht nur Besucher, die kurz über Ihre Website „surfen" und dann wieder weg sind, sondern Nutzer, die mit Ihrer Seite interagieren und aus denen im besten Fall neue Kunden, Mandanten, Patienten oder Besucher ihres Ladenlokals oder Restaurants werden. Wenn nach Monaten hoffnungsvollen Wartens dennoch kaum Besucher Ihre Website gefunden, keine Dienstleistungen oder Produkte gekauft und vielleicht nicht einmal ein Kontaktformular ausgefüllt haben, liegt es nach meiner Erfahrung häufig daran, dass es an „Handlungsaufforderungen" (Calls to Action) mangelt.

Kontaktformular Der Klassiker unter den Handlungsaufforderungen ist das Kontaktformular, das Sie prominent und mehrfach auf der Website platzieren sollten, damit es auch genutzt wird. Machen Sie es dem Nutzer einfach und verzichten Sie auf unnötig viele Eingabefelder. Wenn Sie eine Kontaktanfrage von einem Kunden erhalten, sollten Sie möglichst umgehend eine erste Rückmeldung senden – eine schnelle Antwort gehört zum guten Ton.

Checkliste Eine weitere Möglichkeit, um mit Kunden in Kontakt zu kommen, ist eine kostenlose Checkliste. Im Fall der Dachdeckerei wäre dies zum Beispiel eine Übersicht, was bei einer geplanten Dachsanierung zu beachten ist. Bieten Sie an, die Checkliste zuzuschicken, wenn der Besucher seine E-Mail-Adresse angibt. So bekommen Sie einen konkreten Kontakt und können den Nutzer später noch einmal auf seine geplante Dachsanierung ansprechen.

Termine – darum geht es doch, oder? Das Wertvollste, was Sie erreichen können, ist ein Websitebesucher, der mit Ihnen in Kontakt treten will, während er auf Ihrer Website unterwegs ist. Für so gut wie alle Branchen und Dienstleistungen, die auf Termine setzen, ist es sinnvoll, eine Terminvereinbarung über die Website zu ermöglichen. Eine Umfrage von Greven Medien im Jahr 2018 hat ergeben, dass Termine zwar noch zu 73 Prozent telefonisch vereinbart werden. Für die Hälfte der Befragten war die Möglichkeit einer Onlineterminvergabe jedoch wichtig bis äußerst wichtig. Aus meiner Erfahrung mit etlichen Kundenprojekten weiß ich, dass dieser Service zunehmend genutzt wird. Eine Anwaltskanzlei, die ich persönlich betreue und die sich zunächst gegen die Einbindung des Terminierungsservice gewehrt hat, ist nach acht Wochen Skepsis zu einem echten Fan dieses Dienstes geworden. Aber nicht, weil es ein Trend ist, sondern weil die Kanzlei ein nachweisbar extrem lohnenswertes Mandat darüber gewinnen konnte!

Kostenloser Rückrufservice – der Anruf bleibt das Mittel der Wahl Hilfreich für Ihre Websitebesucher ist auch ein kostenloser Rückrufservice. Für nur wenige Euro im Monat bieten etliche Dienstleister diesen Service an. Nach Eingabe des Rückrufwunsches bauen diese Dienste automatisch einen Rückruf auf. Selbstverständlich können Sie den Anruf auch direkt mit Ihrem Support-Team oder einem Mitarbeiter verbinden lassen. Optional kann dem Interessenten auch ein Rückruf-Zeitwunsch für einen späteren Rückruf angeboten werden.

Lassen Sie Dritte über sich sprechen Mit der Aussage „Ich bin der Beste" sollten Sie besser nicht antreten, denn damit beschädigen Sie Ihre Glaubwürdigkeit. Bewertungen von Dritten, die bestätigen, dass Sie ein echter Experte sind, vermitteln hingegen Vertrauen und sorgen für einen authentischen Blick auf Ihre Kompetenz. Dies können Siegel, Testurteile oder Zertifikate Ihrer Leistungen sein, aber auch Berichte zufriedener Kunden, die beschreiben, was die Aufgabenstellung war und wie Sie diese gelöst haben. Weiterbildungszertifikate für Sie oder Ihre Mitarbeiter zeigen, dass Sie auf der Höhe der Zeit sind. Veröffentlichungen in Fachmagazinen zeugen ebenfalls von Kompetenz.

Lokal optimiertes Layout

Über Geschmack lässt sich bekanntlich streiten, ich möchte Ihnen aber dennoch einen Vorschlag machen, wie Sie ihre neue Website am besten layouten. Dieser schematische Aufbau ist aus der Erfahrung mit mehreren tausend lokal optimierten Websites entstanden, die nachweislich perfekte Ergebnisse liefern.

TOP sprechende URL!!!

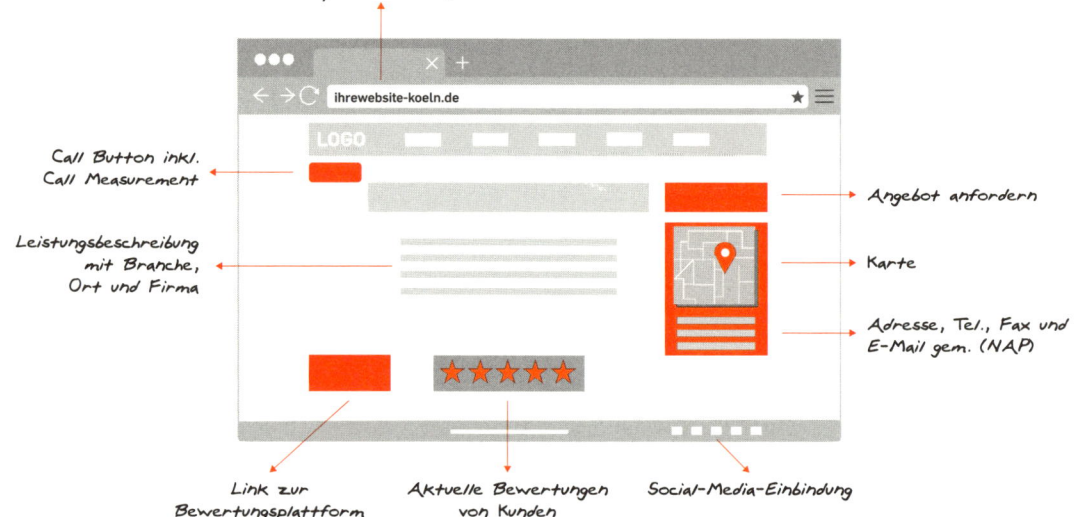

Call Button inkl.
Call Measurement

Leistungsbeschreibung
mit Branche,
Ort und Firma

Angebot anfordern

Karte

Adresse, Tel., Fax und
E-Mail gem. (NAP)

Link zur
Bewertungsplattform

Aktuelle Bewertungen
von Kunden

Social-Media-Einbindung

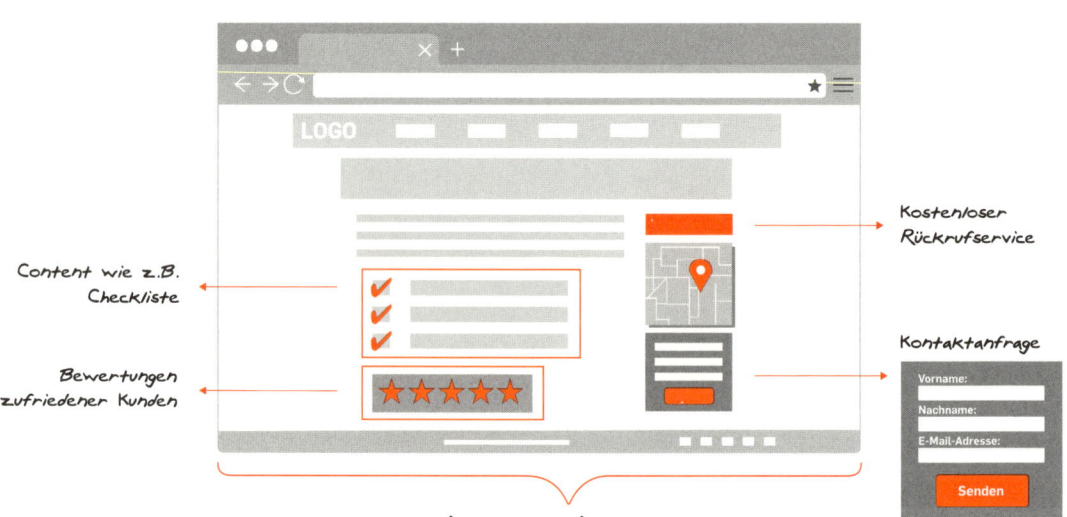

Content wie z.B.
Checkliste

Bewertungen
zufriedener Kunden

Kostenloser
Rückrufservice

Kontaktanfrage

Vorname:

Nachname:

E-Mail-Adresse:

Senden

Lead/Anfrage/Kontakt

Die am 25. Mai 2018 in Kraft getretene Datenschutz-Grundverordnung (DSGVO) sieht Regelungen vor, die Sie unbedingt beachten sollten, um möglichst rechtssicher im Internet agieren zu können. Die DSGVO enthält Grundsätze für die Erhebung und Verarbeitung personenbezogener Daten in der EU und betrifft alle geschäftlichen Websites. Als Unternehmer sind Sie verpflichtet, die Nutzung von Daten zu dokumentieren. Ein Vergehen kann empfindliche Strafen nach sich ziehen.

Vorsicht ist vor allem geboten, wenn Sie Formulare, Newsletter, Werbebanner, Analysetools (wie zum Beispiel Google Analytics) oder Plug-ins sozialer Medien (etwa Like-Buttons von Facebook oder Twitter) einsetzen. Diese Dienste sogenannter Drittanbieter geben personenbezogene Daten an Server weiter, die häufig in den USA oder anderen Ländern außerhalb der EU stehen. Viele Ihrer Kunden werden sich dessen gar nicht bewusst sein, dies schützt Sie aber nicht vor einer Klage wegen Verstoßes gegen die DSGVO.

Um die Vorgaben der Verordnung zu erfüllen, ist eine Datenschutzerklärung von höchster Bedeutung, in der Sie darauf hinweisen, warum Sie die Daten erheben, auf welcher Rechtsgrundlage sie verarbeitet werden und was mit den Daten geschieht. Diese Datenschutzerklärung sollte auf Ihrer Website einen eigenständigen und prominenten Platz einnehmen. Hilfreich bei der Erstellung Ihrer Datenschutzerklärung sind Anbieter wie https://datenschutz-generator. de/ oder https://www.activemind.de/datenschutz/generatoren/datenschutzerklaerung/. Achten Sie bitte darauf, Ihre Datenschutzerklärung nicht blind von anderen Websites zu kopieren. Neben Fehlern, die Sie möglicherweise übernehmen, würde dies auch eine Urheberrechtsverletzung darstellen.

Außer der DSGVO gibt es für Websitebetreiber eine weitere Herausforderung: den Umgang mit Cookies. Das sind kleine Dateien, die automatisch lokal auf dem jeweiligen Endgerät (PC, Smartphone, Tablet usw.) gespeichert werden und es ermöglichen, den Nutzer wiederzuerkennen und ihm das Surfen auf Ihrer Website zu erleichtern. Der Europäische Gerichtshof hat am 1. Oktober 2019 entschieden, dass Websites eine klare Aussage zum Umgang mit Cookies enthalten müssen. Sollte ihre Website also Cookies verwenden, müssen sie sicherstellen, dass Ihre Nutzer sich damit ausdrücklich einverstanden erklärt haben.

Im QR-Code am Ende des Kapitels finden Sie jede Menge nützliche Tipps und Tricks, wie Sie ihre Website rechtssicher gestalten [▦].

Die Hinweise in diesem Buch können und sollen eine Rechtsberatung nicht ersetzen. Daher empfehle ich Ihnen, sich mit spezifischen Fragen direkt an Ihre Kammer/Organisation oder den Berufsverband zu wenden, bei der Sie Mitglied sind. Dort sollten Sie einen juristischen Ansprechpartner finden, der Ihnen für weitere Fragen zur Verfügung steht.

Content-Management-Systeme

Eine einfache und effiziente Grundlage, um Ihre Website aufbauen, pflegen und verwalten zu können, sind sogenannte Content-Management-Systeme (CMS-Systeme). Meist bieten sie auch die Möglichkeit, Neuigkeiten zu veröffentlichen, zum Beispiel durch eine Blog-Funktion oder das Teilen von Inhalten auf Social-Media-Plattformen, um die Reichweite Ihres Unternehmens zu vergrößern. Mithilfe von CMS-Systemen können Sie alle Texte, Bilder, Videos und sonstigen Inhalte – ohne größeres Fachwissen – auf Ihrer Seite einbinden. Die meisten Systeme bieten außerdem eine Volltextsuche, Tools für den Newsletterversand, die Verwaltung von Kunden, die Suchmaschinenoptimierung Ihrer Seite und unzählige weitere Anwendungen.

CMS-Systeme sind in der Regel frei verfügbar (Open-Source-Konzept). Das heißt, für Sie als Nutzer fallen keine Lizenzkosten an, und eine breite Gemeinde von Entwicklern sorgt für eine konstante Weiterentwicklung des Systems bis hin zu regelmäßigen Sicherheitsupdates. Damit können Sie Ihr Angebot leicht auf den aktuellen Stand der Technik halten. Viele Agenturen haben sich auf solche CMS-Systeme spezialisiert, und ein Wechsel von einem Dienstleister zu einem anderen ist ohne Probleme machbar. Die gängigsten CMS-Systeme sind WordPress, Joomla, TYPO3 und Drupal (im QR-Code am Ende des Kapitels finden Sie Links zu diesen Systemen [▓]).

Meiner Erfahrung nach ist WordPress für kleine und mittelständische Unternehmen besonders gut geeignet. Das System ist einfach zu handhaben und bietet für Anforderungen wie Website, Shop und Blog einfache und häufig kostenfreie Lösungen. Durch zahlreiche Erweiterungsmöglichkeiten lässt sich WordPress ideal an die eigenen Bedürfnisse anpassen. Sollte das Angebot einen Wunsch offen lassen, findet man relativ einfach Entwickler, die weiterhelfen können.

40 **WordPress**

(der Marktführer unter den CMS)

Vorteile: Kostenfrei; äußerst benutzerfreundlich mit vielen Möglichkeiten zur Erweiterung; große Entwickler-Community; regelmäßige Updates; 30 Prozent aller weltweiten Websites laufen mit WordPress; Google arbeitet inzwischen sehr eng mit der WordPress-Community zusammen; sehr gut in Sachen Suchmaschinenoptimierung.

Nachteile: Der Marktführer ist immer auch für Hacker interessant – wogegen man aber gut Vorsorgemaßnahmen ergreifen kann! Bei großen Websites kann WordPress durchaus auch an seine Grenzen kommen.

Handhabung: Sehr einfach und intuitiv; von der Installation bis zur Layout-Auswahl können viele Dinge auch ohne großes Fachwissen selbstständig eingerichtet und verwaltet werden.

Eignet sich für kleinere bis mittelgroße Websites, kleinere Onlineshops und vor allem Blogs oder einzelne Seiten mit häufigen Aktualisierungen (zum Beispiel Tagesangebote).

Joomla

Vorteile: Kostenfrei; sehr einfache Aktualisierung von Text- oder Bildinhalten auf Ihrer Website; einfache Verwaltung von Benutzerrollen; eignet sich auch für komplexere und größere Websites; große Entwickler-Community.

Nachteile: Zu Beginn etwas weniger intuitiv und übersichtlich in der Benutzung als WordPress.

Handhabung: Immer noch verhältnismäßig einfach. Eignet sich für größere Websites, den Einstieg in den E-Commerce mit Shops.

Vorteile: Ermöglicht auch die Verwaltung vieler und komplizierter Benutzerrollen; bietet große Flexibilität bei der Umsetzung auch von größeren Webprojekten. Große Auswahl an (größtenteils kostenlosen) Erweiterungen.

Nachteile: Um die ganze Performance ausschöpfen zu können, sind tiefergehende Fachkenntnisse erforderlich; damit größere Wahrscheinlichkeit, für viele Angelegenheiten einen Entwickler zu benötigen, womit auch die Kosten steigen.

Handhabung: Deutlich komplexer als WordPress oder Joomla. Eignet sich für mittlere bis große Websites mit vielen Inhalten und Shop-Anbindung oder Diskussionsforen.

Drupal

Vorteile: Zahlreiche Funktionen und Möglichkeiten für sehr individuelle Websites; das Backend – also die Verwaltung im Hintergrund – kann im Gegensatz zu WordPress individuell gestaltet werden; Einsatz von Foren, Blogs oder Umfragen ist möglich; komplexe Websites mit hohen Besucherzahlen sind kein Problem.

Nachteile: Bei der Nutzung des Standardpakets von Drupal ist die Einstellung von Inhalten deutlich komplexer als bei WordPress; auch für optische Anpassungen stehen weniger Möglichkeiten zur Verfügung (vor allem wenn es einfach und schnell gehen soll).

Handhabung: In der Komplexität vergleichbar mit TYPO3; für eine gute Performance ist ein guter Hoster mit stabilen Servern unerlässlich; für kleine und mittelständische Unternehmen eher nicht zu empfehlen.

Eignet sich für die Erstellung von Portalen und großen Firmenwebsites, die von mehreren Personen mit unterschiedlichen Benutzerrechten betreut werden sollen.

Quickstarter – schneller Erfolg mit Ihrer Website

#1 Kontakte, Kontakte und nochmal Kontakte

Ich möchte, dass Sie ab übermorgen neue Impulse von Ihrer Website bekommen. Bitte nehmen Sie sich deshalb eine der auf den Seiten 34 und 35 genannten Kontaktmöglichkeiten vor und setzen Sie sie morgen um. Sie können auch Ihre Agentur bitten, das für Sie zu erledigen. Ab übermorgen bekommen Sie erste Anfragen, Termine, Rückrufwünsche oder Empfehlungen von Dritten für Ihr Unternehmen. Auf geht's!

#2 Drei Punkte in vier Wochen

Prüfen Sie Ihre bestehende Website kritisch im Hinblick auf die in diesem Kapitel genannten wichtigsten lokalen Anforderungen. Nehmen Sie sich jetzt drei Punkte vor, die Sie in den nächsten vier Wochen mit Ihrem Websiteverantwortlichen umsetzen. Die größte Wirkung erzielen Sie mit den Punkten: Wartezeiten reduzieren, lokal sprechende Seitentitel und Meta Description.

#3 Content ist und bleibt King

Suchmaschinen werden es in Zukunft mithilfe von Machine Learning und künstlicher Intelligenz immer besser verstehen, dem Nutzer die beste Antwort auf seine Suchanfrage zu liefern. Der Inhalt Ihrer Website muss sich daran messen lassen. Überarbeiten Sie den Inhalt Ihrer gesamten Website im Hinblick auf die holistischen Herausforderungen (siehe auch Kapitel 8). Investieren Sie in Inhalt und lassen Sie sich dabei im Zweifelsfall von einer erfahrenen und professionellen Content-Agentur unterstützen.

2 Ihr Shop –
die Königsdisziplin

Möchten Sie einen Shop im Internet haben? Sie haben die Wahl zwischen einem eigenen Shop oder einem auf den bekannten Marktplätzen. Auch als Laie können Sie Warenwirtschaft, Logistik, Bezahlsysteme und Social-Media-Kanäle anbinden und Ihren Webshop im Internet bekannt machen.

Es ist noch gar nicht so lange her, da hatte der Versandhandel einen Anteil von etwa fünf Prozent am deutschen Einzelhandelsumsatz. Heute heißt der Versandhandel E-Commerce und macht bereits mehr als zehn Prozent aus, Prognosen zufolge könnte er 2025 bei über 15 Prozent liegen. Kein Wunder also, dass der ladengestützte Einzelhandel unter Druck steht. Aber warum gelingt mittelständischen Einzelhändlern der Anschluss an den erfolgreichen E-Commerce-Markt nicht? In den vergangenen Jahren haben sich viele lokale Marktplätze entwickelt, die alle nur ein Ziel verfolgen: den lokalen Einzelhandel durch E-Commerce zu ergänzen und anzuschieben. Das Resultat dieser Bemühungen ist allerdings ernüchternd: Eine Studie der Hochschule Koblenz hat festgestellt, dass lokal ansässige Gewerbetreibende die lokalen E-Commerce-Marktplätze als nicht empfehlenswert einstufen. Der Wirtschaftswissenschaftler Andreas Hesse, der die Studie leitete, rät Einzelhändlern: „Die bloße gemeinschaftliche Präsenz im Netz ist kein Mehrwert an sich. Es ist wichtiger, die eigene Webpräsenz so zu nutzen, dass für Kunden relevanter Mehrwert entsteht. Wichtiger als die reine Onlinepräsenz sind aber zwei Dinge: im Geschäft herausragende Beratung und Service mit menschlichem Kontakt. Und die intelligente Verzahnung mit dem Internet – sei es durch Basisinformationen im Netz oder digitale Vernetzung mit Kunden."

Es gibt also durchaus eine Chance für den lokalen E-Commerce. Dies zeigt auch eine von Greven Medien in Auftrag gegebene repräsentative Umfrage zum Onlinekaufverhalten in Deutschland. Demnach wechselt jeder Zweite der Befragten zu Onlinegiganten wie eBay oder Amazon, wenn er das gewünschte Produkt nicht bei seinem Händler um die Ecke im Webshop finden kann. Damit wird klar, dass Kunden eine große lokale Verbundenheit haben und in den allermeisten Fällen auch bereit sind, lokal vor Ort zu kaufen. Wenn das Produkt aber nicht sichtbar im Webshop präsentiert wird, gehen sie davon aus, dass es nicht verfügbar ist, und kaufen es bei einem anderen Anbieter.

Der Handel vor Ort muss angesichts von Amazon & Co. keineswegs den Kopf in den Sand stecken. Sie sollten sich aber auch nicht auf die dumpfe Preisschlacht im Internet einlassen, denn den Kampf gegen Preissuchmaschinen und Shoppingportale verlieren Sie, wenn Sie nicht äußerst geschickt und klug vorgehen. Stattdessen braucht Ihr Unternehmen ein Profil, das sich deutlich vom Einheitsbrei der Preisvergleicher und Kistenschieber im Internet abhebt, indem es guten Service, kompetente Beratung, Abholservice im Ladenlokal und Produkte zum Anfassen in den Mittelpunkt rückt. Mit anderen Worten: Das, was Sie mit Ihrem Unternehmen schon seit Jahren und Jahrzehnten erfolgreich vor Ort machen, verlängern Sie ins Internet. Auch die Coronakrise hat gezeigt, dass die lokalen Einzelhändler, die bereits E-Commerce-Erfahrungen mit ihrem eigenen Onlineshop oder dem Verkauf über Marktplätze hatten, besser mit den Corona-Sanktionen zurechtkamen als diejenigen, die von der Krise kalt erwischt wurden. Der Bundesverband E-Commerce und Versandhandel Deutschland e. V. hat zwar in einer Umfrage unter 135 Onlinehändlern herausgefunden, dass auch der Onlinehandel im März 2020 um fast 20 Prozent gegenüber dem Vorjahreszeitraum zurückging – gleichwohl kann der Onlinehandel bei Geschäftsschließungen in Krisenzeiten fortgesetzt werden und leidet bei weitem nicht so stark wie der stationäre Einzelhandel.

2.1 Überlegungen vor dem Start

Bevor Sie mit Ihrem E-Commerce-Projekt starten, sollten Sie einige strategische Überlegungen anstellen und die folgenden Fragen für sich klären.

Sind Ihre Produkte für den Onlinevertrieb geeignet?

Was offline klappt, muss online noch lange nicht funktionieren. So steht ein Feinkostgeschäft mit schnell verderblicher Ware vor anderen Herausforderungen als ein Fahrradladen, der sich auf Navigationsgeräte spezialisiert hat. Für den Feinkosthändler könnte es zum Beispiel sinnvoll sein, einen Onlineshop aufzubauen, der eine „Click und Collect"-Funktion hat. Das heißt, der Kunde stellt sich seinen Warenkorb im Onlineshop zusammen und holt ihn später im

Laden vor Ort ab. Der Händler könnte auch für einen bestimmten regionalen Radius einen Bringservice anbieten. Bei größeren Entfernungen müsste er allerdings zuvor sicherstellen, dass die notwendige Kühlkette garantiert ist. Prüfen Sie daher vor dem Start die E-Commerce-Tauglichkeit Ihrer Produkte in Bezug auf Logistikaufwand, Häufigkeit des Umschlags, Lagerkapazitäten, Kühlbedarf und Retourenhandhabung.

Gibt es genügend Nachfrage für mein Produkt in der Onlinewelt?

Um bei unseren Beispielen zu bleiben: Für die Fahrradnavigationsgeräte gibt es eine große Nachfrage in der Onlinewelt. Bei Feinkostprodukten kann es aber sein, dass die zusätzlichen Einnahmen so gering ausfallen und mit so viel Logistikaufwand verbunden sind, dass sich ein Einstieg in den Onlinehandel nicht lohnt. Prüfen Sie daher sowohl die Nachfrage nach Ihren Produkten als auch die Wettbewerbssituation in Ihrer Region. Suchmaschinen können dabei eine große Hilfe sein. Wenn Sie beispielsweise der erste Fahrradhändler im Umkreis von 20 Kilometern sind, der sich auf Navigationsgeräte spezialisiert hat, oder das erste Feinkostgeschäft in ihrer Region mit persönlichem Lieferservice, kann das ein strategischer Vorteil sein. So können Sie mit Ihrem „physischen Shop" vor Ort glänzen und gleichzeitig eine entscheidende Nische in der Onlinewelt besetzen. Der eigene Webshop verlängert nicht nur Ihre Werkbank, sondern auch Ihren guten Ruf aus der Offlinewelt.

Ob auch Ihre Branche vom zunehmenden Onlinehandel profitiert, hat der Handelsverband Deutschland in seinem jährlichen Online-Monitor untersucht. Der Tenor der Studie: Online gewinnt in jeder Branche weiter an Bedeutung. Finden Sie sich in der Grafik auf Seite 48 auch wieder?

Was machen die Mitbewerber?

Schauen Sie sich die Shops der Konkurrenz an und fragen Sie sich, was die schon sehr gut machen und was noch besser sein könnte. Bitten Sie auch Ihre Mitarbeiter, kritisch auf die (Online-)Konkurrenz zu schauen. Durch die Wettbewerbsanalyse werden Sie sehr schnell Lücken identifizieren, die Sie möglicherweise

Online gewinnt in jeder Branche weiter an Bedeutung.

Onlineanteil je Branche am jeweiligen Gesamtmarkt
2017 und 2018 in Prozent und Zuwachs 2018 zu 2017 in Mrd. Euro*

■ 2018   ■ 2017   ▨ Zuwachs 2018 zu 2017

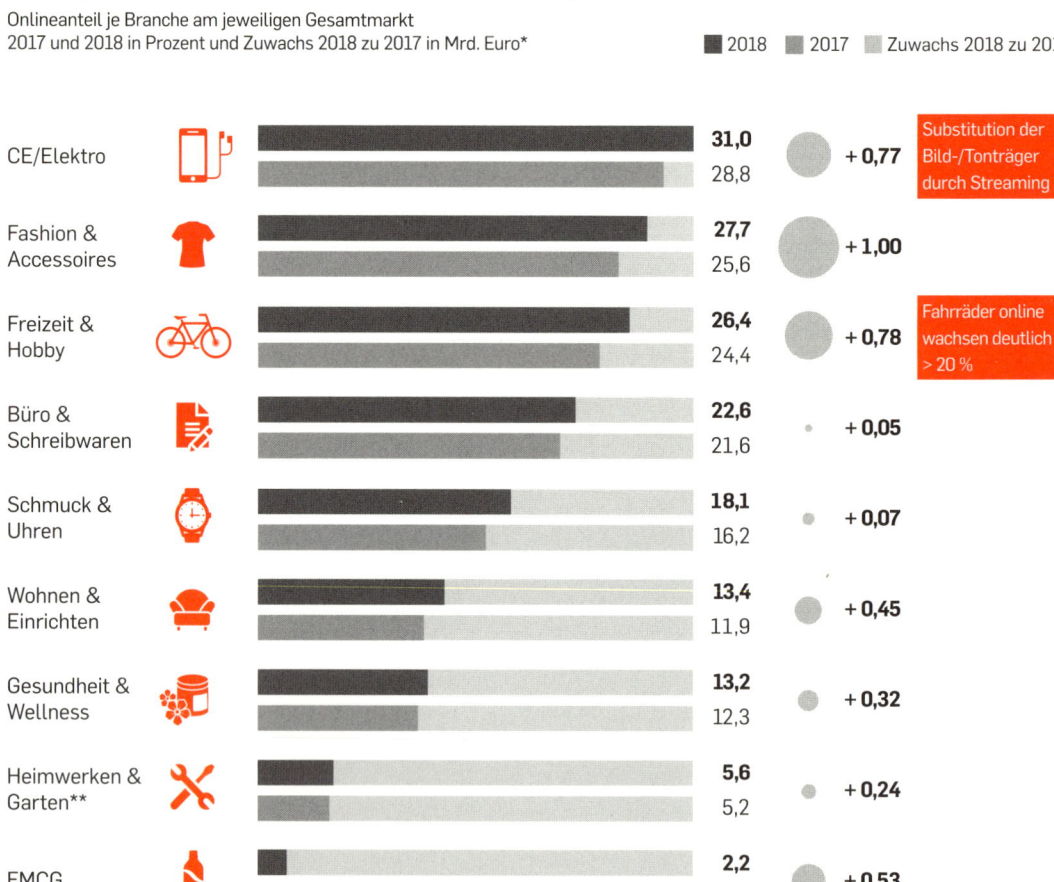

Branche		2018	2017	Zuwachs
CE/Elektro		31,0	28,8	+ 0,77 — Substitution der Bild-/Tonträger durch Streaming
Fashion & Accessoires		27,7	25,6	+ 1,00
Freizeit & Hobby		26,4	24,4	+ 0,78 — Fahrräder online wachsen deutlich > 20 %
Büro & Schreibwaren		22,6	21,6	+ 0,05
Schmuck & Uhren		18,1	16,2	+ 0,07
Wohnen & Einrichten		13,4	11,9	+ 0,45
Gesundheit & Wellness		13,2	12,3	+ 0,32
Heimwerken & Garten**		5,6	5,2	+ 0,24
FMCG		2,2	1,9	+ 0,53

Lesebeispiel: Im Markt für Fashion & Accessoires ist der Anteil des Onlinehandels von 25,6 Prozent (2017) auf 27,7 Prozent (2018) gestiegen. Das entspricht einem Zuwachs von 1 Milliarde Euro.

* Umsatzangaben netto: ohne Umsatzsteuer
** DIY Kernsortimente, ohne Großhandel und Handwerker, ohne Leuchten/Lampen, ohne Deko/Haus-/Heimtextilien

schließen können. Es geht dabei um weit mehr als nur die Preisgestaltung Ihrer Mitbewerber. Ein fehlender Lieferservice, die Abholmöglichkeit vor Ort oder das Angebot, ein Produkt zu reservieren oder am Wochenende kostenlos zu testen, sind ebenfalls Aspekte, nach denen Sie Ausschau halten sollten.

Haben Sie die nötigen Qualifikationen für den E-Commerce-Einstieg?

Seien Sie bei aller Begeisterung immer ehrlich zu sich selbst. Ich erlebe oftmals, dass Kunden mit viel Euphorie zu mir kommen und dann ernüchtert feststellen müssen, dass sie weder über die Kenntnisse noch über die Kapazitäten verfügen, um ein E-Commerce-Projekt zu stemmen. Aber vielleicht haben Sie einen Mitarbeiter, der schon immer ein „Händchen für Online" hatte und nur darauf wartet, wachgeküsst zu werden. Auch ein Einsteigerseminar bei der örtlichen IHK kann wichtiges Know-how liefern.

Welche konkreten Unternehmensziele verfolgen Sie mit dem E-Commerce?

Wenn ich meinen Kunden diese Frage stelle, schaue ich überwiegend in ratlose Gesichter. Aber E-Commerce ist kein Selbstzweck, er muss sich nicht nur in Ihre Unternehmensziele einreihen, sondern auch konkrete Ziele verfolgen. Sie planen ja auch nicht einfach mal so den Aufbau einer weiteren Filiale in Fernost. Zielgrößen können zum Beispiel sein: ein neuer Vertriebskanal mit konkreten Umsatz-, Absatz- und Gewinnerwartungen, die Risikominimierung durch eine Umsatzverschiebung von Offline zu Online, eine höhere Profitabilität durch Kostenreduktionen und effizientere Abwicklungsprozesse.

Muss es ein eigener Webshop sein oder reicht ein Onlinemarktplatz?

Für den lokalen E-Commerce-Einstieg lohnt es sich nicht immer, gleich einen eigenen Shop mit hohen Startinvestitionen aufzubauen. Marktplätze wie eBay, Amazon oder auch Otto verlangen zwar Gebühren für die Listung von Produkten und einen Anteil am Verkaufserlös. Dafür bieten sie aber viel Reichweite und potenzielle Käufer sowie auf Wunsch auch Logistik und Zahlungsabwicklung. Um die Erfolgsaussichten des eigenen Onlinehandels zu testen und erste Erfahrungen zu sammeln, kann es deshalb sinnvoll sein, zunächst mit einschlägigen Verkaufsplattformen zu starten. Die folgende Tabelle bietet Ihnen eine erste Übersicht, welche Vor- und Nachteile eigene Webshops und Onlinemarktplätze haben.

	Eigener Shop	**Marktplatz**
Investitions-kosten	Ab 10.000 Euro zzgl. Onlinemar-ketingkosten, um Reichweite zu erzielen und Kunden zu gewin-nen. –	Geringe Startkosten in Form von Listungsgebühren und variablen Verkaufsprovisionen. +
Zeitaufwand und Know-how für den Aufbau	Aufbau eines eigenen Shopsys-tems kann mehrere Monate in Anspruch nehmen. Meist ist die Hilfe einer Agentur notwendig. –	Der Marktplatz steht in der Regel in wenigen Tagen zur Verfügung. Einrichtung und Betrieb erfordern wenig spezielles Know-how. +
Gewinnmarge	Wenn der Shop einmal steht, fallen außer Betriebs- und Marketingkosten kaum weitere Aufwendungen an. +	Marktplätze verlangen zusätzlich zur Listungsgebühr Erlösanteile zwischen 7 und 20 Prozent. –
Preis- und Wettbewerbs-transparenz	Der Kunde kann den Preis des Produkts nicht direkt, sondern nur auf Umwegen mit dem Ihrer Wettbewerber vergleichen. +	Marktplätze listen Anbie-ter zu einem Produkt direkt untereinander auf. Das bedeutet maximale Preis- und Anbieter-transparenz. –

	Eigener Shop	Marktplatz
Reichweite und potenzielle Neukunden	Um Reichweite und potenzielle Neukunden zu gewinnen, ist ein Onlinemarketingbudget erforderlich. —	Marktplätze bieten vom Start weg direkt eine hohe Reichweite und viele potenzielle Neukunden. Zusätzlicher Kundenverkehr kann über den Marktplatz dazugekauft werden (zusätzliche Investition). +
Aufbau Ihrer eigenen E-Commerce-Marke	Mit Ihrem eigenen Webshop haben Sie die Entwicklung und Markenbildung selbst in der Hand. +	Marktplätze stellen immer ihre eigene Marke in den Vordergrund – der Grad der Individualisierung ist teilweise sehr gering. —
Regeln und Rahmenbedingungen für den Verkauf	Die Rahmenbedingungen für Versandkosten, Produktbeschreibungen, Allgemeine Geschäftsbedingungen etc. können selbst bestimmt werden. +	Marktplätze geben Bedingungen für den Versand, die Art und Weise der Produktbeschreibung und Allgemeine Geschäftsbedingungen vor – eine Änderung ist nicht möglich. —
Expansion auf ausländische Märkte	Die Rahmenbedingungen für den Vertrieb ins Ausland können durch Logistik, Ausfuhrgenehmigungen und Zahlungsabwicklungen sowie Zölle und Steuern sehr komplex werden. —	Der überwiegende Anteil der Marktplätze ist auf den Vertrieb ins Ausland und dessen Abwicklung eingestellt. Achtung: Für Steuern, die möglicherweise im Zielland anfallen, sind Sie trotzdem selbst verantwortlich. +

2.2 Marktplätze im Überblick

Onlinemarktplätze machen den Start in den E-Commerce einfach. Teilweise kann man schon nach wenigen Stunden mit dem Verkauf beginnen. Außerdem ist genügend Kundenverkehr vorhanden, der das Geschäft direkt anschieben kann. Sie können also schnell und unkompliziert erste Erfahrungen mit dem digitalen Absatzkanal sammeln. Im Folgenden möchte ich Ihnen die gängigsten Anbieter kurz vorstellen.

Amazon Marketplace

Das US-Unternehmen ist mittlerweile unangefochten die Nummer eins unter den E-Commerce-Playern in den USA und Europa. Käufer starten ihre Produktsuche inzwischen wesentlich häufiger direkt beim Onlinemarktplatz Amazon als bei der Suchmaschine Google. In Deutschland entfällt nach einer Studie von Payback und der Universität St. Gallen rund die Hälfte des gesamten E-Commerce-Umsatzes auf Amazon. Die Verkaufsplattform bietet ein Basiskonto, für das keine Grundgebühr verlangt wird, und ein Professional-Programm, mit dem Sie ab 40 verkauften Produkten im Monat mit einer Grundgebühr von 39 Euro starten können. In beiden Fällen kommen jeweils prozentuale Verkaufsgebühren hinzu.

eBay

Sie denken vielleicht, dass ein Verkauf Ihrer Produkte auf eBay keinen Sinn macht, weil dort nur Privatpersonen verkaufen, die ihren Keller aufräumen. Dieses ursprüngliche Geschäftsmodell des US-Unternehmens hat sich jedoch in den vergangenen Jahren radikal verändert: Aus einer Auktionsplattform für private Nutzer ist eine professionelle Verkaufsplattform mit Festpreisen geworden. Inzwischen werden etwa 80 Prozent aller Waren bei eBay als Neuware zum Festpreis vermarktet, dabei handelt es sich überwiegend um Autoersatzteile, Mobilfunk-, Handy- und Elektronikgüter.

Tipps und Tricks zum Start mit Amazon

Verkaufschancen vor dem Start prüfen: Sind Sie mit Ihrem Produkt einzigartig oder versuchen Sie, Handyhüllen zu verkaufen? Der Einstieg mit Produkten, die weltweit massenhaft angeboten werden, ist kaum rentabel. Es sei denn, Sie sind bereit oder in der Lage, sehr lange auf Ihre Marge zu verzichten und zusätzlich in ein hohes Marketingbudget zu investieren. Prüfen Sie Ihre Verkaufschancen daher vor dem Start mit Tools wie zum Beispiel https://sellics.com/.

Suchbegriffe optimieren: Optimieren Sie die Suchbegriffe, unter denen Sie bei Amazon gefunden werden möchten. Verwenden Sie dazu besser einzelne Wörter anstatt Suchphrasen. Analysieren Sie die Produkttitel und Produktbeschreibungen Ihrer Wettbewerber, um Anregungen für Keywords zu finden. Ziel ist eine bessere Sichtbarkeit Ihrer Produkte in der Ergebnisliste.

Den „Greenhorn-Faktor" mit Sponsored Products überlisten: Als neuer Händler haben Sie es sehr schwer, gegen Marktteilnehmer anzukommen, die schon über eine lange Verkaufshistorie mit vielen Bewertungen und Kunden verfügen. Sie können sich aber über das Amazon-Werbeprodukt „Sponsored Products" in die begehrten Trefferlisten einkaufen und auf diese Weise schneller an Ihre ersten Verkaufserfahrungen kommen. Dieser Weg verlangt zwar zusätzliche Marketingaufwendungen, verkürzt aber die Lernphase zu Ihren Gunsten.

Die Buybox muss Ihr Ziel sein: Wer direkt in der Buybox erscheint (rechter Bereich auf der Produktseite – mit dem Hinweis auf den Einkaufswagen), der erhöht seine Verkaufschancen um ein Vielfaches. Amazon gibt an, dass etwa 90 Prozent aller Käufe über das Einkaufswagenfeld getätigt werden. Das erklärt auch die Attraktivität der Buybox. Doch wie kann man die Platzierung in der Buybox positiv beeinflussen?

    Service: Sie müssen als empfohlener Käufer mit mindestens drei Monaten exzellentem Service auf der Plattform aktiv sein.

Attraktive Preisgestaltung: Das heißt nicht, dass Sie immer den günstigsten Preis anbieten müssen, Sie sollten aber im Vergleich zu den übrigen Verkäufern mithalten können.

Viele positive Kundenbewertungen: Wie überall im Internet sind Sie als Händler auch bei Amazon stark auf die Bewertungen Ihrer Kunden angewiesen. Tools können Ihnen helfen, ausstehende Bewertungen einzufordern (eine Liste finden Sie am Ende des Kapitels im QR-Code [▓]).

Rechtzeitige Versendung Ihrer Ware: Achten Sie auf eine extrem zeitnahe Versendung der verkauften Ware. Lieferzeiten von mehr als fünf Tagen gelten in der Regel als nicht kundenfreundlich.

Versand durch Amazon: Die Plattform liebt Verkäufer, die auch die Logistik des Unternehmens nutzen (Fulfilled by Amazon oder kurz: FBA). FBA kann gerade für Einsteiger sinnvoll sein.

Erfolgsfaktor Amazon Prime: Wenn Sie sich für FBA entscheiden, werden Ihre bei Amazon gelagerten Waren automatisch per „Prime" versandt. Das ist inzwischen einer der wichtigsten Erfolgsfaktoren bei Amazon, fast schon ein Qualitätsmerkmal. Für den Endkunden garantiert es ein oft entscheidendes Plus an Sicherheit und Bequemlichkeit.

Ihre eigene lokale Website als Verkaufslokomotive: Selbstverständlich können Sie Kunden, die Sie über Ihre gut gepflegte und lokal suchmaschinenoptimierte Website gewonnen haben, auch auf Ihre Amazon-Produktseite leiten. Der Nachteil ist, dass Ihr potenzieller E-Commerce-Kunde möglicherweise mit einem Klick bei der Konkurrenz landet. Dennoch sollten Sie Ihren eigenen Kundenverkehr zumindest so lange auf Ihre Amazon-Produktseite lenken, bis Sie Ihren eigenen Shop aufgebaut haben.

Think local – act global: Nie war es einfacher, in andere Länder zu exportieren, als mit Amazon und der dahinterstehenden Logistik sowie Zahlungsabwicklung. Insbesondere, wenn Sie Produkte haben, die eine Nische besetzen, haben Sie damit beste Chancen, neue Märkte zu erschließen. Ihre einzige Vorarbeit besteht darin, Ihre Produktbeschreibung in die jeweilige Sprache übersetzen zu lassen. Dafür winken Ihnen Absatzwege in neuen Märkten.

Aus meiner Sicht gibt es mehrere Gründe, die für diesen Marktplatz sprechen. Zum einen versteht eBay das lokale Geschäft: Das Unternehmen versucht, mit „eBay City" und „lokal & digital" lokale Händler an die Plattform zu binden und eine Brücke zwischen Offline- und Online-Verkauf zu bauen. So gibt es ein Pilotprojekt in Mönchengladbach, bei dem Händler sich und ihre Produkte auf der Plattform mit eigenen Shops sehr individuell präsentieren und die Reichweite von eBay nutzen können. Der Basis-Shop startet bei monatlich 39,95 Euro zuzüglich variabler Verkaufsprovision.

Außerdem spielt eBay Ihre lokalen Anzeigen aus. Unter https://ebaylocal-services.de/ haben Sie die Möglichkeit, in vier Schritten Kunden auf Ihren Shop aufmerksam zu machen. Besonders interessant ist dabei, dass sich die Anzeigen und Werbebanner auch lokal aussteuern lassen, also nur Nutzern gezeigt werden, die in Ihrer Nähe wohnen. Damit vermeiden Sie Streuverluste.

Anders als bei Amazon können Sie Ihren Shop bei eBay mit Logo, Design und Aktionshinweisen sehr individuell gestalten. Damit schafft eBay eine eigene Markenwelt für Sie als Handelspartner. Möglich sind sogar eine eigene URL für Ihren Shop, Links zu Ihren Sonder- bzw. Rabattaktionen sowie ein eigener Newsletter für Ihre Kunden. Bezüglich der Logistik hat eBay ebenfalls aufgeholt. Wie Amazon bietet das Unternehmen seinen Händlern inzwischen an, den Warenversand zu übernehmen. In den USA kann auch die Zahlungsabwicklung über Kreditkarten, Google Pay, Apple Pay und PayPal über eBay erfolgen. Es ist zu erwarten, dass es auch in Deutschland bald ein entsprechendes Angebot geben wird.

Etsy

Das US-Unternehmen Etsy hat in den vergangenen Jahren sehr stark an Bedeutung gewonnen und genießt einen guten Ruf als Plattform für Handgemachtes, Vintage, Spezialanfertigungen und Unikate. In Deutschland hat Etsy 2018 mit der Übernahme von DaWanda Fahrt aufgenommen und ist seitdem bemüht, die Plattform für deutsche Händler noch attraktiver zu machen.

Auf Etsy zu starten ist sehr günstig. Für das Einstellen Ihrer lokalen Produkte und Unikate wird eine einmalige Gebühr von 0,18 Euro pro Stück berechnet.

Die Artikel bleiben vier Monate im Webshop, sollten sie nicht vorher bereits gekauft werden. Anschließend fallen erneut 0,18 Euro an. Beim Verkauf der Ware behält Etsy fünf Prozent des Kaufpreises ein. Bei Bestellungen, die per Etsy-Payment getätigt werden, verlangt die Plattform vier Prozent Verkaufsprovision plus 0,30 Euro. Höher sind die Kosten, wenn Sie mehr Service wollen. Die Logistik der verkauften Produkte liegt beim Händler.

Otto

Der Versandhändler aus Hamburg ist mit 7,5 Millionen aktiven Kunden hinter Amazon der zweiterfolgreichste Onlinehändler in Deutschland. Jetzt sollen auch kleine lokale Händler davon profitieren und ihre Waren über den Otto-Marktplatz anbieten können. Bis Ende 2020 will das Unternehmen mehrere tausend Partnerhändler finden, die ihre Produkte bei otto.de andocken können. Wie bei allen anderen Marktplätzen wird eine einheitliche Grundgebühr verlangt (unabhängig davon, wie viele Produkte gelistet werden) sowie eine marktübliche Provision. Die Konditionen können unter https://www.otto.market eingesehen werden.

Zalando

Auch der deutsche Onlineversandhändler Zalando entwickelt sich immer mehr zu einem Marktplatz und öffnet sich für kleinere, lokale Geschäfte. Zunächst bot die Plattform Schuhgeschäften an, ihre Produkte über Zalando zu vertreiben, seit 2018 ist dies auch für Kleidung möglich. Wenn Sie in diesen Bereichen tätig sind, sollten Sie sich mit den Möglichkeiten dieses Marktplatzes beschäftigen.

Das Prinzip von Zalando ist, dass Bestellungen, die auf der Plattform eingehen, an alle Händler weitergeleitet werden, die an dem Programm teilnehmen. Haben Sie als Händler das entsprechende Produkt auf Lager, können Sie den Auftrag annehmen. Wenn Sie schnell sind, erhalten Sie den Zuschlag, packen die Ware in einen Zalando-Karton und versenden sie direkt an den Kunden. Dieser merkt gar nicht, dass die Ware nicht aus dem Zalando-Großlager, sondern aus Ihrem Geschäft stammt. Für die Zusammenarbeit erhält Zalando selbstverständlich eine Provision. Sollte ein Auftrag mal nicht von einem der Partner angenommen werden, bearbeitet Zalando den Auftrag selbst. Um an dem Programm teilnehmen zu können, müssen Sie sich über ein Webformular bei Zalando bewerben.

Für Sie besteht beim Verkauf über den Zalando-Marktplatz der größte Vorteil darin, dass Sie für diese Art des Vertriebs keinen eigenen Webshop aufbauen müssen. Außerdem profitiert Ihr Geschäft von der Reichweite der Marke Zalando, und Sie können einen Teil Ihrer zeit- und kostenaufwendigen Marketingmaßnahmen einsparen, denn die Zalando-Produkte werden bereits sehr stark beworben. Die Plattform übernimmt Auftragsbestätigung, Lieferbestätigung, Rechnungsstellung, Retourenbestätigung und Zahlungsabwicklung.

Doch wo Licht ist, ist auch Schatten. In diesem Fall ist dies das Retourenmanagement. Denn außer der Provision, die Sie der Plattform für ihre Leistungen zahlen, übernehmen Sie als Partner auch die Bearbeitung der Retouren. Für den Kunden sieht es zwar zunächst so aus, als erhielte er ein Paket von Zalando, zurückgesendete Waren gehen jedoch nicht an Zalando, sondern an Sie.

Alibaba und AliExpress

Alibaba und AliExpress gehören beide zum asiatischen E-Commerce-Marktführer Alibaba Group. Zwar versuchen die beiden chinesischen Unternehmen zunehmend in Europa und somit auch in Deutschland Fuß zu fassen, der durchschlagende Erfolg blieb bisher jedoch aus. So können Sie zum Beispiel bei AliExpress, der wie Amazon auf den Verkauf an Endkunden (Business-to-Consumer) spezialisiert ist, noch keine Produkte aus Deutschland zum Verkauf einstellen, während dies in Spanien, Italien, Frankreich und der Türkei bereits möglich ist. Bei Alibaba handelt es sich um einen Marktplatz, der auf Großhändler, Hersteller oder Handelsunternehmen abzielt, die an hohen Mengenabnahmen interessiert sind (Business-to-Business). Meine Empfehlung für lokale Händler lautet: Behalten Sie beide Marktplätze im Auge – vor allem wenn AliExpress in Deutschland startet –, derzeit bieten die beiden Marktplätze allerdings keinen echten Mehrwert.

Rakuten

Rakuten ist die japanische Variante von AliExpress, die von zahlreichen internationalen Händlern genutzt wird. Sie funktioniert auch für den Verkauf aus und in Deutschland. Im Unterschied zu anderen Marktplätzen verkauft Rakuten nicht selbst, sondern bietet seinen Händlern den Aufbau eines eigenen Webshops auf rakuten.com. Er kostet 39 Euro pro Monat und bietet eine gute Möglichkeit zur Individualisierung. Das Unternehmen bietet außerdem relativ viel Marketingsupport, auch auf Deutsch.

Die genannten Verkaufsplattformen unterscheiden sich sehr stark, was Kosten, Bezahlmethoden, Logistik oder Retourenmanagement betrifft. Bevor Sie sich für einen Anbieter entscheiden, sollten Sie herausfinden, was Ihnen für Ihr Geschäft besonders wichtig ist. Die folgenden Fragen können Ihnen bei Ihrer Entscheidung helfen:

- Bietet die Verkaufsplattform ausreichend Nachfrage für Ihr Angebot? Wenn Sie unsicher sind, schicken Sie eine entsprechende Anfrage an die Plattform. Wenn Sie darauf keine befriedigende Antwort erhalten, kann das auch eine Antwort sein.
- Wie lange müssen Sie sich vertraglich binden? Je kürzer die Laufzeit, desto flexibler sind Sie bei einem möglichen Ausstieg.
- Fragen Sie doch mal Kollegen – vielleicht aus anderen Branchen – welche Erfahrungen sie mit einer Plattform gemacht haben. Feedback aus erster Hand ist oftmals das wertvollste.
- Gibt es auf der Plattform viel Wettbewerb in Ihrer Branche? Möglicherweise macht eine Plattform mit vermeintlich weniger Traffic sogar mehr Sinn, weil die Wettbewerbsbedingungen dort für Sie günstiger sind.
- Wie hoch ist der Aufwand, um ein Angebot bei der von Ihnen favorisierten Plattform aufzubauen? Gibt es einen zuverlässigen Kundensupport bei Rückfragen, der kurzfristig und ohne Hürden weiterhilft?

- Bietet die Plattform Marketingmöglichkeiten für Ihre Produkte, um Ihnen den Start zu erleichtern?
- Denken Sie auch an die Zukunft: Könnten Sie später mit einem eigenen Shop an die Plattform andocken? Wenn ja, welche Shopsysteme würden sich dafür eignen?
- Und zum Schluss: Hand aufs Herz! Verfügen Sie über genügend Kapazitäten und Know-how, um eine solche Verkaufsplattform zu unterhalten? Wenn nicht, dann sollten Sie sich an Fachleute wenden, die Ihnen beim Einstieg helfen können. Oftmals bieten die Plattformen selbst Adressen von Agenturen, die Sie beim Start unterstützen können.

2.3 Schritt für Schritt zu Ihrem individuellen Shop

Die Würfel sind gefallen – Marktplätze und Verkaufsplattformen haben Sie nach Ihren ersten Erfahrungen nicht überzeugt, oder Sie haben sich direkt für den Aufbau eines eigenen Webshops entschieden. Dann werde ich Ihnen zeigen, wie Sie Schritt für Schritt Ihren individuellen Shop aufbauen.

Als Erstes wählen Sie ein Shopsystem aus, das zu Ihren Anforderungen passt. Wofür Sie sich entscheiden, hängt im Wesentlichen davon ab, welche Funktionen der Shop haben soll und wie viel Sie investieren wollen. Ein weiteres Kriterium ist die Komplexität eines Shopsystems, denn das beste System nützt Ihnen nichts, wenn Sie es nicht einigermaßen eigenständig betreiben können. Externe Fachleute an Bord zu holen ist fast immer möglich, allerdings meist auch mit weiteren Investitionen verbunden.

Grundsätzlich unterscheiden wir folgende Shop-Betriebsmöglichkeiten: Mietshops, Kaufshops und Open-Source-Shopsysteme.

Mietshops

Wie der Name schon verrät, werden diese Shopsysteme für die Dauer der Nutzung gemietet. Man nutzt sozusagen den Shop als Service, deshalb werden sie auch als SaaS-Lösung bezeichnet (SaaS = Software as a Service). Die Mietpreise liegen je nach Anbieter zwischen 10 und 100 Euro pro Monat. Diese Systeme sind für den E-Commerce-Einsteiger bestens geeignet, denn damit lässt sich der Shop schnell einrichten, und es gibt bereits Schnittstellen für Bezahlung und Logistik. Ein weiterer Vorteil besteht darin, dass man die meisten Systeme einfach über den Webbrowser bedient und relativ intuitiv handhaben kann. Wenn Sie weitere Funktionen wünschen, können Sie diese hinzubuchen – die Kosten steigen dann allerdings schnell auf mehrere hundert Euro pro Monat.

Mit Mietshops genießen Sie auch den Vorteil, dass der jeweilige Anbieter in regelmäßigen Abständen technologische Anpassungen bereitstellt, und Sie so immer up to date sind. Der größte Nachteil dieser Systeme besteht darin, dass die individuelle Gestaltung ihres Shops und technische Anpassungen, zum Beispiel zur Suchmaschinenoptimierung, nur begrenzt möglich sind. Angeboten wird Software für Mietshops unter anderem von Plentymarkets (für alle Unternehmensgrößen geeignet), Shopify (für kleine und mittelständische Unternehmen geeignet), SUPR (für kleine und mittelständische Unternehmen geeignet) und Jimdo (für kleine Unternehmen geeignet).

Neben der Unternehmensgröße gibt es noch eine Vielzahl weiterer Faktoren, die Sie vor dem Einsatz prüfen sollten. Ich empfehle Ihnen, sich vor Ihrer Entscheidung folgende Fragen zu stellen: Wie sieht das Bezahlmodell aus? Gibt es auch eine kostenlose Version? Ist das Produkt in der Cloud verfügbar? Ist die Zahl der Produkte oder der monatliche Bestellumfang in irgendeiner Weise begrenzt? Können mehrere Sprachen und Währungen genutzt werden? Sind Logistik, Warenwirtschaft und Kundenverwaltung (CRM) integriert? Oder können solche Module gegen einen niedrigeren Preis ausgeschlossen werden, falls Sie solche Systeme bereits im Einsatz haben? Welche Hardware benötigen Sie für den Betrieb? Welche Programmierkenntnisse müssen Sie selbst mitbringen oder einkaufen? Was wird das kosten? Ist das System optimiert für Suchmaschinen? Ist das System für die Anzeige auf mobilen Endgeräten optimiert (responsives Design)? Welche Zahlungsanbieter werden unterstützt? Kann das System mit Modulen erweitert werden? Was kostet das? Welche Reports und Statistiken können Sie einsehen? Haben Sie alles, was Sie zur Optimierung Ihres Geschäfts benötigen? Bietet der Hersteller einen zufriedenstellenden Support? (E-Mail, Forum, Telefon, vielleicht einen persönlichen Ansprechpartner)? Was kostet dieser Support?

Nicht alle diese Punkte müssen für Ihr Geschäft relevant sein. Punkte wie die Suchmaschinenoptimierung oder das responsive Design sind aber unerlässlich. Und ein guter Support und Erweiterungsmöglichkeiten sind Gold wert.

> **Tipp: Einige Anbieter bieten Demoversionen Ihrer Shopsysteme an. Damit können Sie sich vorab ein Bild machen, was Funktionen und Handhabbarkeit des Produkts betrifft. Nutzen Sie diese Chance, um ein besseres Gefühl für die Systeme zu bekommen, und notieren Sie sich Fragen für ein Beratungsgespräch.**

Kaufshops

Bei Kaufshops, die auch On-Premise-Systeme genannt werden, erwerben Sie die Lizenz für eine Shopsoftware, die Sie in den meisten Fällen mithilfe einer Agentur an Ihre Erfordernisse anpassen können. Im Kern bieten Kaufshops den Vorteil, dass bereits viele weitere Komponenten integriert sind. Das kann ein CRM-System zur Verwaltung der Kundendaten oder ein Warenwirtschaftssystem zur Verwaltung Ihrer Bestände sein. On-Premise-Systeme haben außerdem den Vorteil, dass Sie die volle Kontrolle über Ihren Shop haben. Updates spielen Sie ein, wann immer Sie möchten, und Sie müssen auch nicht jede angebotene Weiterentwicklung mitgehen, sondern sind Herr des Systems.

Diese Freiheit hat allerdings auch ihren Preis. On-Premise-Systeme werden auf Ihren Webservern installiert. Das bedeutet, dass Sie Ihre eigene Hardware bereitstellen müssen, damit Sie das System betreiben können. Neben den reinen Lizenzkosten für das Shopsystem müssen Sie also die benötigte Hardware einkalkulieren und vor allen Dingen auch das Personal haben, das die anstehenden Aufgaben übernehmen kann.

So ergeben sich schnell Kosten von 5.000 bis 20.000 Euro pro Jahr. On-Premise-Shopsysteme sind daher vor allem für ambitionierte und erfahrene Anwender geeignet – Anfängern würde ich davon abraten. Angeboten werden sie unter anderem von Cosmoshop (für alle Unternehmensgrößen geeignet) und xanario (für kleine und mittelständische Unternehmen geeignet).

Open-Source-Shopsysteme

Dabei handelt es sich um Systeme mit einem offenen Quellcode (Open Source). Sie werden von engagierten Programmierern gemeinschaftlich in Communitys weiterentwickelt, und meist gibt es eine kostenfreie Basisversion. Viele Open-Source-Shopsysteme sind schon seit Jahren auf dem Markt und dank zahlreicher kleiner zusätzlicher Tools und Softwarekomponenten sehr leistungsstark.

Wer allerdings denkt, dass er aufgrund der „Open-Source"-Idee und der kostenfreien Basisversion ein kostengünstiges Shopsystem bekommt, den muss ich enttäuschen. Für Produkte etablierter Anbieter wie Shopware, Magento oder auch OXID müssen Sie je nach Projektanforderung und Anpassungen, die meist durch eine auf E-Commerce spezialisierte Agentur vorgenommen werden, zwischen 10.000 und 25.000 Euro für ein fertiges System einplanen. Wenn Sie bereit sind, das Geld zu investieren, und sehr genaue Vorstellungen davon haben, was Sie brauchen, erhalten Sie dafür aber auch ein stark individualisiertes Shopsystem. Zusätzlich zu den genannten Anbietern gibt es auch noch Gambio und Presta.

Tipp: Wenn Sie eine Website mit dem Content-Management-System WordPress betreiben, dann ist der einfachste Schritt, um einen Shop aufzubauen, eine kleine Software (Plug-in) wie zum Beispiel WooCommerce zu nutzen. Das Plug-in wird einfach heruntergeladen und auf Knopfdruck installiert. Anschließend können Sie sehr bequem im Layout Ihrer bestehenden Website einen komplett funktionsfähigen Shop einrichten. Die Grundfunktionen sind kostenlos, die Kosten für sinnvolle Erweiterungen bleiben im Rahmen. Ein weiterer Vorteil ist, dass es eine große Entwicklercommunity gibt, die auf nahezu alle Fragen Antworten liefern kann, und viele Tools, die den Betrieb des Shops erleichtern. Außerdem sind viele Agenturen auf den Aufbau von zum Beispiel WooCommerce-Shops spezialisiert. Für den Einstieg in den E-Commerce mit wenigen Produkten ist dies eine gute Lösung, weil Sie keine teure Shop-Software mieten, kaufen oder selbst entwickeln lassen müssen. Sie sollten bei diesen vermeintlich leichten und günstigen Angeboten aber darauf achten, dass sie bezüglich Datenschutz, Steuern etc. die rechtlichen Anforderungen in Deutschland und der EU erfüllen.

Der eigene Shop auf Facebook – und das kostenfrei

Wussten Sie, dass Facebook seinen Nutzern einen Shop zur Verfügung stellt? Möglicherweise ist diese Variante speziell für Einsteiger eine gute Alternative, um das Thema Shopping auszuprobieren. Das Beste daran: Ihr Facebook-Shop ist für Sie als Betreiber gebühren- und provisionsfrei. Für etwas versiertere E-Commerce-Betreiber bietet er sogar die Chance, den Shop mit einem System wie Shopify (s. o.) zu verknüpfen.

Der Facebook-Shop lässt sich in nur wenigen Minuten einrichten: Sie melden sich bei Facebook an und rufen Ihre Facebook-Seite auf – diese ist allerdings Voraussetzung, damit Sie Ihren Shop starten können. Dann klicken Sie im linken Menü auf den Unterpunkt „Shop". Als nächstes stimmen Sie den Nutzungsbedingungen und Richtlinien für Händler zu und wählen Euro als gewünschte Währung aus. (Bitte beachten: Die gewählte Währung gilt für alle Produkte und kann nicht separat angepasst werden.) Abschließend klicken Sie auf „Speichern" und „Produkte anlegen".

Sichtbar ist Ihr neuer Shop allerdings erst, wenn Sie mindestens ein Produkt eingestellt haben und Facebook dieses Produkt überprüft und genehmigt hat. Um Ihren Shop zu bestücken, klicken Sie auf „Produkt hinzufügen".

Jeder Artikel sollte mit wenigstens einem Foto bebildert sein. Je mehr Fotos, desto besser – das gilt nicht nur für Facebook, sondern auch für alle anderen Verkaufskanäle. Sie können auch Videos hochladen. Die Felder „Name", „Preis" und „Beschreibung" sind selbsterklärend. Ein attraktiver Titel und eine ansprechende Beschreibung tragen wesentlich zum Verkaufserfolg bei. Weil es jedoch keinen automatischen Datenimport gibt, eignet sich der Facebook-Shop nur für den Fall, dass Sie wenige Produkte anbieten. Er kann aber ein erster einfacher Schritt in Ihre E-Commerce-Aktivitäten sein, vor allem wenn Sie bereits eine nennenswerte Community bei Facebook haben, die Sie aktivieren können.

2.4 Die richtige Warenwirtschaft

Gratulation, Ihr erster Kunde hat in Ihrem neuen Onlineshop bestellt und freut sich auf eine baldige Lieferung. Ab jetzt entscheiden Ihr Service und reibungslose Prozesse darüber, wie schnell der Kunde seine Ware erhält, wie zufrieden er ist, ob er Ihren Shop möglichst gut bewertet und ein treuer Kunde bleibt. Um betriebswirtschaftlich optimal arbeiten und die Bestellung rentabel abwickeln zu können, benötigen Sie ein gut funktionierendes Warenwirtschaftssystem. Dies ist besonders wichtig, wenn Sie über Ihren Onlineshop sehr viele Produkte mit einer hohen Umschlaggeschwindigkeit (also einer großen Abverkaufshäufigkeit) verkaufen wollen. Um allen Anforderungen gerecht zu werden, können Sie drei Wege einschlagen:

Anbindung Ihres Warenwirtschaftssystem an den Onlineshop

Dies ist mit sogenannten Shop-Connectoren möglich. Sprechen Sie den Anbieter Ihres Warenwirtschaftssystems und den Anbieter Ihres Shopsystems darauf an. Die Hersteller von Shopsystemen bieten meist entsprechende Schnittstellen an.

Wenn Sie kein bestehendes Warenwirtschaftssystem haben und dies für Ihren E-Commerce-Start aufbauen möchten, dann lautet meine ausdrückliche Empfehlung: Orientieren Sie sich nicht an den Anforderungen für Ihr bestehendes stationäres Geschäft, sondern vor allem an den Anforderungen Ihres E-Commerce-Projekts. Denn wenn Sie zum Beispiel mehrere Verkaufsplattformen wie eBay, Amazon oder Etsy gleichzeitig nutzen möchten, werden die Anforderungen sehr komplex. Traditionelle Warenwirtschaftssysteme kommen dann schnell an ihre Grenzen und sind daher in der Regel nicht geeignet. Im Folgenden finden Sie eine Auswahl von Warenwirtschaftssystemen, die sich auf die Anbindung an Webshops für kleinere und mittlere Unternehmen aus allen Branchen spezialisiert haben:

Hersteller	Leistung	Preis	Anbindung an Shops
https://www.weclapp.com/de/	Umfasst die Verwaltung von Kunden, Projekten, Aufträgen, Artikeln, Rechnungen etc.	Ab 49 Euro pro Monat	Magento, Shopware, Shopify, WooCommerce
https://www.jtl-software.de	Umfasst die Verwaltung von Einkauf, Artikel- und Angebotspflege, Verkauf und Multi-Channel-Vertrieb, Bestellabwicklung, Zahlung, Lager- und Versandorganisation.	Ab 14,99 Euro pro Monat	Magento, Presta, Shopify, WooCommerce, Gambio, Modified

Hersteller	Leistung	Preis	Anbindung an Shops
https://www.pixi.eu	Umfasst die Verwaltung von Einkauf, Artikel- und Angebotspflege, Verkauf und Multi-Channel-Vertrieb, Bestellabwicklung, Zahlung, Lager- und Versandorganisation.	Auf Anfrage	OXID, Magento, Shopify, plentymarkets, WooCommerce, xtCommerce, Intershop, Cosmoshop, Websale, Gambio, Shopware

Warenwirtschaft mit integriertem Shopsystem

Wenn Sie die Herausforderung eines eigenen Shopsystems mit der dazu passenden Warenwirtschaft verbinden möchten, können Sie auch einen Anbieter wählen, der beides verbindet. Der Vorteil ist, dass Sie ein System haben, das vom Shop über die Warenwirtschaft bis hin zur Zahlungs- und Logistikabwicklung alles umfasst. Die Nachteile sind deutlich höhere Kosten, die Abhängigkeit von Weiterentwicklungen im Gesamtsystem und meist eine geringere Individualisierbarkeit. Mögliche Anbieter für integrierte Shopsysteme für kleine und mittlere Unternehmen aller Branchen sind:

Hersteller	Leistung	Preis	Anbindung an Shops
https://www.plentymarkets.eu	Das System umfasst Shop, Einkauf, Artikel- und Angebotspflege, Verkauf und Multi-Channel-Vertrieb, Bestellabwicklung, Zahlungen, Lager- und Versandorganisation.	Je nach Produktgruppe ab 39 Euro pro Monat zzgl. Transaktionsgebühr von 0,5 Prozent vom Umsatz pro Auftrag	Wenn man den Shop von plentymarkets nicht nutzen möchte, kann man folgende Shops anbinden: Magento, OXID, Shopify, Shopware, WooCommerce.
https://www.odoo.com	Ein Open-Source-System, das den E-Commerce von der Website bis zum Shop abdeckt. Die wichtigsten Module sind Verkauf, Kundenverwaltung, Rechnungserstellung, Finanzen, Lagerbestand, Einkauf, E-Mail-Marketing, Website-Builder und E-Commerce.	Das Preismodell hängt davon ab, welche einzelnen Apps man bucht.	Wenn man den Shop von odoo nicht nutzen möchte, kann man folgende Shops anbinden: Magento, WooCommerce, Oxid.
https://www.jtl-software.de	Das System organisiert alle relevanten Bereiche des Onlinehandels: Einkauf, Artikel- und Angebotspflege, Verkauf und Multi-Channel-Vertrieb, Bestellabwicklung, Zahlung, Lager- und Versandorganisation.	Ab 14,99 Euro pro Monat	Magento, Presta, Shopify, WooCommerce, Gambio, Modified

Abschließend möchte ich Sie auf zwei aktuelle Trends in der Logistik hinweisen, die für Ihr lokales Geschäft interessant sein könnten.

Dropshipping

Kennen Sie noch das gute alte Streckengeschäft? Hinter dem englischen Begriff Dropshipping (drop = fallen lassen, shipping = Transport, Versand) verbirgt sich genau dieses Geschäftsmodell, das durch den Erfolg des E-Commerce eine Renaissance erfährt. Konkret bedeutet es, dass Sie (eigene oder fremde) Produkte über ihren Onlineshop verkaufen und die Ware vom Hersteller oder Großhändler an den Kunden liefern lassen. Damit entfällt der Umweg vom Produzenten der Ware zu Ihnen und Ihrem Lager. Dropshipping eignet sich besonders gut für einfache und standardisierte Konsumgüter wie Elektronikzubehör, Mode oder Haus- und Gartenzubehör.

Vorteile	Nachteile
Geringere Lager- und Logistikkosten	Der Erfolg hängt stark vom externen Partner ab.
Zeitersparnis	Qualitätssicherung der Waren kann nicht sichergestellt werden.
Kosten- und Zeitersparnis kann als Wettbewerbsvorteil an Kunden weitergegeben werden.	Neutrale Verpackung beim Versand durch den Partner lässt kein „Markenerlebnis" der eigenen Produkte zu.
Schnellere Belieferung führt zu zufriedenen Kunden und damit zu guten Bewertungen für Ihren Shop.	Die Retourenabwicklung mit Kunden kann zu Unstimmigkeiten führen, ohne dass man selbst Einfluss nehmen kann.
Sie können Ihr eigenes Produktportfolio durch Produkte Dritter ergänzen.	Bei Dropshipping-Dienstleistern aus dem Ausland, wie zum Beispiel China, müssen Zoll- und Steuerfragen beachtet werden. Dies kann die Komplexität deutlich erhöhen.

Dropshipping-Partner, die für Sie interessant sein könnten

Oberlo: Das Unternehmen ist Partner von Shopify. Wenn Sie Ihren Shop schon mit Shopify betreiben, können Sie die Produkte von Oberlo einfach per „drag and drop" in Ihren Shop integrieren, Oberlo wickelt dann die komplette Logistik für Sie ab.

Amazon FBA (Fulfilled by Amazon): Wie bei Oberlo können Sie Ihren eigenen Shop mit Produkten von Amazon anreichern. Das Unternehmen übernimmt dann Logistik und Zahlungsabwicklung.

AliExpress: Der beliebteste chinesische Marktplatz expandiert mit immenser Geschwindigkeit auch in Europa. Er bietet Millionen Produkte aus verschiedenen Branchen, die über den eigenen Shop angeboten und dann über AliExpress gehandelt werden können. Zu beachten ist, dass die meisten Waren aus China kommen und somit Zollbestimmungen gelten, über die Sie sich vorab genauestens informieren sollten.

Shein: Ein chinesischer Marktplatzanbieter, der sich auf Mode und Accessoires für den westeuropäischen und US-amerikanischen Markt spezialisiert hat.

NEDIS: Ein niederländischer Marktplatz, der auch in Deutschland Verkaufsbüros und Lager betreibt. Als Dropshipping-Partner besonders für Elektronikprodukte geeignet.

Click & Collect – der Shootingstar für den lokalen stationären Handel

OBI tut es, IKEA tut es, und auch für Sie könnte das Prinzip „Click & Collect" (Klicken und Abholen) von großem Nutzen sein. Dabei bieten Sie in Ihrem neuen Onlineshop Produkte für die lokale Zielgruppe an, die der Kunde in Ihrem Ladenlokal abholen kann. Man bezeichnet dieses Vorgehen als Multichannelstrategie, denn Sie vertreiben die Produkte aus Ihrem Ladenangebot, mit denen Sie schon lange erfolgreich sind, zusätzlich über weitere Verkaufskanäle, wie zum Beispiel Ihren Onlineshop oder andere Onlinemarktplätze.

Grundsätzlich gibt es zwei Formen von Click & Collect. Bei Reserve & Collect (Reservieren und Abholen) sieht sich Ihr Kunde das gewünschte Produkt online an, wählt es aus und lässt es im Laden reservieren. Bezahlt wird erst bei der Abholung vor Ort. Der Vorteil ist, dass sich der Kunde das Produkt noch einmal genau ansehen kann, bevor er sich für einen Kauf entscheidet. Bei Buy & Collect (Kaufen und Abholen) sucht sich der Kunde das gewünschte Produkt ebenfalls in Ihrem Onlineshop aus, bezahlt es aber auch online und holt es dann bei Ihnen im Ladenlokal oder in einer Ihrer Filialen ab.

Für den Kunden hat Click & Collect viele handfeste Vorteile: Er erkennt an der Warenverfügbarkeit, ob das gewünschte Produkt bei Ihnen im Laden vorhanden ist, kann es haptisch ausprobieren bzw. anprobieren und erhält es im besten Fall noch am selben Tag. Versandkosten und lästige Abholungen an Postfilialen entfallen.

Ich sehe darin eine der größten Chancen des stationären Handels gegenüber reinen Onlineplayern wie Amazon oder eBay. Denn nur im Handel vor Ort kann der Kunde die Ware in die Hand nehmen und begutachten, seine Ansprüche und die Qualität des Produkts prüfen. Reine Onlineplayer können das nicht bieten und müssen dieses Manko mit hohen Versandgebühren und Kosten beim Retourenmanagement teuer bezahlen. Für Ihr Geschäft ergeben sich folgende handfeste Vorteile aus Click & Collect: Das Angebot „zieht Ihre Kunden wieder ins Ladenlokal" und stärkt Ihren stationären Handel. So hat die eBay-Studie „Zukunft des Handels" herausgefunden, dass mehr als die Hälfte der Kunden, die zur Abholung in ein Geschäft kamen, dort noch einen weiteren Artikel kauften. Außerdem etablieren Sie sich langfristig als zeitgemäßer und innovativer Ansprechpartner in Ihrem lokalen Umfeld. Um diese entscheidenden Vorteile von Click & Collect nutzen zu können, müssen Sie natürlich über das entsprechende Onlineangebot, inklusive Shop, und möglicherweise Lagerraum verfügen.

2.5 Die passende Bezahlmethode

Die Bezahlmethode ist ein entscheidender Faktor für den Einkauf in Ihrem Shop. Wird dem Kunden seine favorisierte Zahlmethode, zum Beispiel „Kauf auf Rechnung", nicht angeboten, wendet er sich ab und wählt einen anderen Shop.

Die meisten Shopsysteme, die ich Ihnen vorgestellt habe, bieten die gängigsten Bezahlmethoden an. In der Software können Sie mit wenigen Klicks auswählen, mit welchen Anbietern Sie zusammenarbeiten möchten. Der Nachteil ist, dass Sie mit jedem Bezahldienstleister (wie zum Beispiel PayPal oder Kreditkartenanbietern) einzeln Verträge abschließen müssen. Nach einer Studie des Instituts für Handelsforschung Köln aus dem Jahr 2018 sind die beliebtesten Bezahlmethoden der Kauf auf Rechnung, PayPal und das Lastschriftverfahren. Erst danach folgen Kreditkarte und Sofortüberweisung.

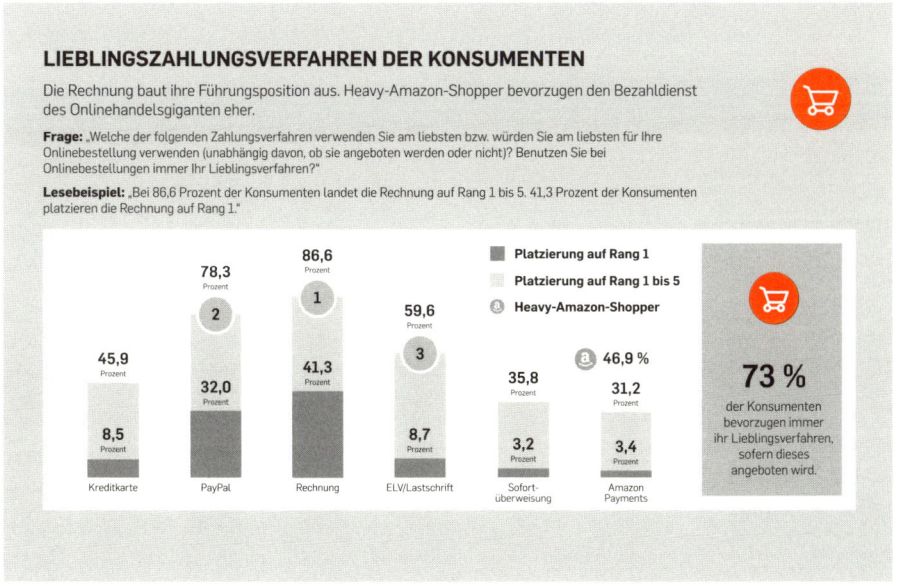

Die Studie zeigt auch, dass Shopbetreiber sich leider nicht immer konsequent am Kundenwunsch orientieren. Fast die Hälfte der Befragten konnte beim letzten Kauf im Netz nicht ihr gewünschtes Zahlungsverfahren nutzen. Und da es ohne Bezahlung nun mal nicht geht, werden diese Kunden sich schnell einen alternativen Verkäufer suchen.

Wie lassen sich Zahlungsausfälle vermeiden?

Um Probleme mit Zahlungsmethoden unkompliziert zu lösen und Zahlungsausfälle beim Kauf auf Rechnung zu umgehen, können Sie einen Vertrag mit einem Payment-Service-Provider schließen. Diese Unternehmen wickeln sämtliche Zahlungsmethoden (Rechnung, PayPal, Kreditkarte etc.) für Sie ab und treten gleichzeitig für den Fall eines Zahlungsausfalls ein. Zahlungsausfälle sind leider gar nicht selten. Beim Kauf auf Rechnung laufen etwa 4,5 Prozent der Forderungen ins Leere, bei Lastschriften können rund drei Prozent der Forderungen nicht eingetrieben werden. Für Sie bedeutet dies im Zweifelsfall zusätzliche Kosten für Mahn- und Inkassoverfahren, die sich bei geringwertigen Produkten in der Regel kaum rechnen. Leider gibt es genügend Konsumenten, die genau darauf setzen, weshalb die Payment-Service-Provider auch Bonitätsprüfungen durchführen können.

Die bekanntesten Anbieter sind ConCardis, Sage Pay, PAYONE, Heidelpay, Secupay oder auch BillPay. Sie verlangen für ihre Dienste in der Regel eine monatliche Bereitstellungsgebühr und einen prozentualen Anteil jeder Zahlungsabwicklung. Die monatlichen Gebühren liegen zwischen 30 und 100 Euro. Die variablen Transaktionskosten betragen je nach ausgewähltem Zahlungsmittel (Rechnung, Kreditkarte etc.) zwischen 1,5 und 4,5 Prozent des Rechnungsbetrags.

Tipp: Machen Sie sich eine kurze Liste Ihrer Zahlungsanforderungen und holen Sie bei verschiedenen Payment-Service-Providern konkrete Angebote ein. Die Kosten können erfahrungsgemäß sehr stark voneinander abweichen.

Ohne ausreichende Bekanntheit wird Ihr Shop zu Beginn nicht genügend Besucher haben. Damit er schnell erste Umsätze und Gewinne einbringt, benötigen Sie aber möglichst viel Verkehr (Traffic) auf Ihrem neuen Absatzkanal. Wie wichtig ausreichender Traffic ist, möchte ich Ihnen anhand einer Beispielrechnung zeigen: Ein entscheidender Faktor ist dabei die Conversion-Rate, die das Verhältnis von Besuchern Ihres Onlineshops zu tatsächlichen Bestellungen beschreibt. So bedeutet eine Conversion-Rate von zehn Prozent zum Beispiel, dass Sie bei 100 Besuchern auf Ihrem Onlineshop zehn Bestellungen erhalten.

Eine Analyse von Statista hat ergeben, dass je nach Branche eine Conversion-Rate von unter einem Prozent bis gut zehn Prozent erzielt wird. Im Durchschnitt liegt sie in Deutschland bei etwa drei Prozent.

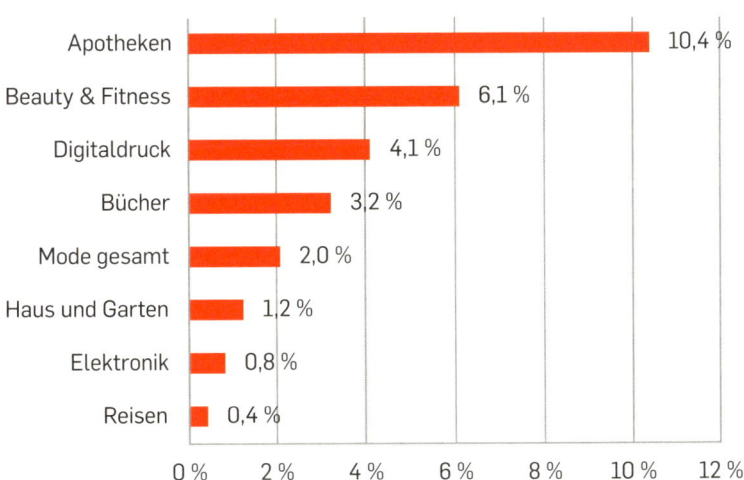

Nehmen wir einmal an, Sie erzielen folgende Werte:

Besucher in Ihrem Shop	100 pro Tag	
Conversion-Rate	3 Prozent	= 3 Bestellungen pro Tag
Durchschnittlicher Bestell-wert in Ihrem Shop	100 Euro	= 300 Euro Umsatz pro Tag
Durchschnittliche Marge/ Rohertrag Ihres Produkts	15 Prozent	= 45 Euro Rohertrag pro Tag
Rohertrag pro Monat	30 Tage × 45 Euro	1.350 Euro Rohertrag pro Monat, bzw. 16.200 Euro Rohertrag pro Jahr
Investitionskosten für Ihren Shop	10.000 Euro einmalig	− 10.000 Euro einmalig
Laufende Onlinemarketing-kosten für 100 Besucher pro Tag	100 × 0,50 Euro (Klickpreis in Suchmaschinenwerbung) = 50 Euro pro Tag, bzw. 1.500 Euro pro Monat, bzw. 18.000 Euro pro Jahr!	− 18.000 Euro pro Jahr
Ergebnis 1. Jahr	16.200 Euro Rohertrag − 10.000 Euro Investition − 18.000 Euro Marketing	− 11.800 Euro Verlust
Ergebnis 2. Jahr	16.200 Euro Rohertrag − 18.000 Euro Marketing	− 1.800 Euro Verlust
Ergebnis 3. Jahr (unter der Annahme dass 20 Prozent der Bestellungen über Wiederbesteller kom-men, die Marketingkosten daher niedriger sind)	16.200 Euro Rohertrag − 14.400 Euro Marketing	1.800 Euro Gewinn

Diese Beispielrechnung macht deutlich, dass Sie Ihr Geschäftsmodell (durch-schnittlicher Bestellwert, Rohmarge, Investitionskosten und durchschnitt-licher Marketingaufwand) ordentlich kalkulieren und wenigstens eine grobe Gesamtkalkulation aufsetzen müssen, um festzustellen, ab wann sich Ihre Shop-Investition rechnet. Deutlich wird auch, dass es sich lohnt, an allen Stell-schrauben zu arbeiten. So führt eine Steigerung der Conversion-Rate von drei auf vier Prozent zu 25 Prozent mehr Rohertrag. Oder Sie schaffen es, 20 Prozent weniger Traffic zukaufen zu müssen, weil Sie ihn selbst erzeugen können (siehe nächster Abschnitt). Das senkt den Marketingaufwand in unserem Rechenbeispiel um 3.600 Euro pro Jahr und macht Ihren Shop schneller rentabel. Die wichtigste Erkenntnis bleibt aber: Ohne Besucher Ihres Shops wird es keine Bestellungen geben.

Kostenfreier Traffic

Das Rechenbeispiel zeigt, wie viel profitabler Ihr Onlineshop wird, wenn Sie für Besucherverkehr kein Geld ausgeben müssen. Jeder Cent, den Sie hier einsparen, bedeutet Nettomarge für Ihr Geschäft. Häufig begegne ich Unternehmern, die über mangelnden Erfolg ihrer E-Commerce-Projekte klagen, gleichzeitig aber die Möglichkeiten für kostenfreien Traffic nicht ausschöpfen. Dabei stellen diese einen großen Hebel dar, um das Geschäft zu beleben. Einige der wichtigsten kostenfreien Trafficquellen sind: Suchmaschinenoptimierung für Shops (Search Engine Optimization, SEO), E-Mail-Marketing bzw. Newslettermarketing und Social-Media-Marketing.

SEO – das bieten Ihnen die Suchmaschinen kostenfrei an Schauen wir zunächst kurz auf kostenfreien SEO-Verkehr, den ich im Kapitel 4 auch für Shops ausführlicher beschreibe. Suchmaschinenoptimierung ist zwar ein langwieriger Prozess, ich möchte Ihnen die Möglichkeiten aber an einem einfachen Beispiel erläutern. Nehmen wir an, Sie sind Experte für Tieraccessoires und verkaufen zum Beispiel Leinen für Hunde. Nach „Leinen für Hunde" wird bei Google rund 1.000 Mal pro Tag gesucht. Die ersten Suchergebnisplätze sind entsprechend hart umkämpft. Darüber noch einen relevanten Suchverkehr für Ihren Shop erzielen zu können, wird nur mit sehr viel Aufwand und Zeit zu realisieren sein. Wenn wir allerdings nach „Hundeleinen aus Leder" suchen, sind es nur noch 99 Suchen pro Tag bei Google, und auch der Wettbewerb sieht schon ganz anders aus. Wenn Sie es jetzt schaffen, einen Blog-Beitrag (siehe Kapitel 8) mit relevanten Informationen zu „Hundeleinen aus Leder" mit allen Vorteilen und

Nachteilen, Preisen, Herstellern etc. zu platzieren und dieser Bericht am Ende einen Link zu Ihrem Shop enthält, dann sind Sie Ihrem Ziel schon ein ganzes Stück näher gekommen.

> **Tipp: Produktumsätze sind mit kostenfreiem SEO-Traffic aus Nischenbegriffen einfacher zu erzielen als mit breiten, allgemeinen Suchbegriffen.**

Newslettermarketing – das perfekte Schwungrad für wiederkehrende Onlinekäufer Ich höre sehr oft, dass E-Mail-Marketing in Zeiten neuer Kommunikationsformen wie Social Media nicht mehr funktionieren könne. Auch wenn die Spielregeln für Newslettermarketing seit Einführung der Datenschutz-Grundverordnung etwas komplizierter geworden sind, ist und bleibt der Newsletter einer der kostengünstigsten Wege, um Bestandskunden zum erneuten Einkauf zu bewegen und Interessenten zu neuen digitalen Kunden zu machen (siehe Kapitel 9). Zudem lassen sich E-Mails und Newsletter bis zur Perfektion automatisieren und individualisieren.

> **Tipp: Nutzen Sie die relativ einfach zu verwendende Form des E-Mail-Marketings, um dem Traffic auf Ihrem Shop auf die Sprünge zu helfen.**

Social-Media-Marketing – kostenfreier Shop-Traffic mit Facebook & Co Soziale Netzwerke sind ernstzunehmende Traffic-Kanäle, die sehr gut genutzt werden können, um regelmäßige Besucher auf Ihren Shop zu lenken (siehe Kapitel 11). Daran wird sich zumindest in naher Zukunft auch nicht viel ändern, weshalb ich Ihnen empfehle, sich mit dem Thema Social-Media-Marketing zu beschäftigen.

Bezahlter Traffic

Im Wesentlichen gibt es zwei Wege, um die Bekanntheit Ihres Shops mit bezahltem Traffic zu steigern: Indem sie Suchmaschinen wie Google oder BING für Anzeigen nutzen oder auf Social-Media-Plattformen wie Facebook werben.

So gibt es bei Google zum Beispiel den Anzeigentyp „Local Inventory", der einem potenziellen Neukunden konkrete Produkte aus Ihrem Ladenlokal samt aktueller Warenverfügbarkeit direkt auf seinem Smartphone anzeigt (siehe Kapitel 3). Damit haben Sie die Möglichkeit, sich gegen die großen Internet-plattformen zu behaupten und Ihren lokalen Standortvorteil auszuspielen.

Wie Sie mit Social Media punkten können, wird in Kapitel 11 beschrieben. Für bildaffine Produkte bietet vor allem die Bilderplattform Instagram, die seit 2012 zu Facebook gehört, spannende Möglichkeiten, Ihren E-Commerce-Umsatz anzuheizen.

Rechtsberatung einholen

Eine Abmahnung vom Wettbewerber oder von Verbraucherzentralen kann teuer werden und den Spaß am E-Commerce verderben. Aus diesem Grund rate ich Ihnen dringend, sich einen versierten Anwalt zu suchen, der sich Ihren gesamten Bestellprozess ansieht und Ihrem Shop die nötige Rechtssicherheit verleiht. Dabei sollten Sie mit Ihrem Rechtsbeistand vor allem die folgenden Punkte genau beleuchten und prüfen:

Impressum

Ihr neuer Webshop benötigt genauso wie Ihre Website ein rechtskonformes Impressum. Achten Sie dabei besonders auf den korrekten Namen Ihrer Person oder Ihrer Firma, der vertretungsberechtigten Person (Name/Einzelkaufmann/Geschäftsführer), eine exakte Adresse mit Rufnummer und E-Mail-Kontakt sowie – falls nötig – Ihre Berufsaufsichtsbehörde mit Adresse. Achten Sie auch darauf, dass Ihr Impressum mit einem Klick von der Startseite und jeder weiteren Seite aufgerufen werden kann.

AGB für Privatkunden

Jeder Besucher Ihres Shops muss vor dem Kauf die Möglichkeit haben, Ihre Allgemeinen Geschäftsbedingungen zu lesen. Mit der Bestellung müssen Sie sich die Zustimmung zu den AGB bestätigen lassen. Das funktioniert gut mit einer Checkbox, einem kleinen leeren Kästchen, das durch Anklicken mit einem Haken versehen werden kann. Das Kästchen darf aber auf keinen Fall bereits automatisch angehakt sein. Die Checkbox ist zwar keine gesetzliche Pflicht, aber die am häufigsten genutzte Möglichkeit, um sicherzustellen, dass Ihr Kunde die AGB einsehen konnte und ihnen zugestimmt hat.

Kopieren Sie bitte nicht blind einen AGB-Text von einem fremden
Shop, denn neben Fehlern, die Sie möglicherweise übernehmen,
würde dies auch eine Urheberrechtsverletzung darstellen, die wiederum eine Abmahnung nach sich ziehen kann.

AGB für Geschäftskunden

Sollten Sie einen Business-to-Business-Shop (B2B) betreiben
wollen, dann sollten Sie das sehr deutlich machen, zum Beispiel
durch eine Kennzeichnung wie: „Unser Shop ist ausschließlich für
Gewerbetreibende oder Freiberufler". Sprechen Sie Ihren Rechtsbeistand auf die wesentlichen Unterschiede im Vergleich zu einem
Business-to-Consumer-Shop (B2C) an. Es geht dabei um Fragen zu
Gefahrenübergang, Gewährleistung, Widerrufsrecht oder Gerichts-
stand.

Preisangaben zu Ihren Produkten

Fehlende oder ungenaue Preisangaben sind einer der häufigsten Abmahnpunkte in Onlineshops. Alle Preise, die Sie angeben,
müssen gemäß der Preisangabenverordnung (PangV) immer den
Gesamtpreis abbilden, also inklusive der jeweils gültigen Mehr-
wertsteuer und sonstiger Preisbestandteile wie Versandkosten,
Retourenkosten usw.

Nutzungsrechte für Inhalte im Shop

Als Shopbetreiber sind Sie für alle Inhalte in Ihrem Shop verantwortlich. Das bedeutet, dass Sie über die Nutzungsrechte für Bilder, Texte, Videos oder Audiodateien verfügen müssen. Klären Sie
das dringend vorab mit dem Hersteller der Inhalte ab, die Sie verwenden möchten. Investieren Sie, wenn möglich, in eigene Bilder
und eigene Texte. Außer der Rechtssicherheit hat dies auch den
wesentlichen Vorteil, dass Sie einzigartige Inhalte schaffen, die es

so in keinem anderen Shop gibt. Das macht es für Suchmaschinen deutlich interessanter, Ihren Shop in den Suchergebnissen prominent zu platzieren.

Bestellschaltfläche

Seit dem Jahr 2012 ist eine Bestellschaltfläche Pflicht. Um Verbraucher eindeutig darauf aufmerksam zu machen, dass sie mit dem nächsten Klick ein Rechtsgeschäft abschließen, muss die Bestellschaltfläche eindeutig formuliert sein. Rechtsgültige Bezeichnungen der Schaltfläche sind zum Beispiel „Jetzt kostenpflichtig bestellen" oder „Jetzt zahlungspflichtig bestellen".

Widerrufsrecht

Der Kunde Ihres Onlineshops hat nach den Regelungen des Fernabsatzgesetzes (Bestellungen via Telefon oder über das Internet) das Recht, den Kaufvertrag innerhalb von zwei Wochen zu widerrufen oder die Ware zurückgeben. Ausnahmen dieser Regelung sind selten und greifen nur in Bereichen, in denen der Kunde eine hochindividualisierte Maßanfertigung oder Einzelanfertigung bestellt hat. Gleiches gilt für frische Lebensmittel oder leicht verderbliche Ware. Überlegen Sie, ob Sie mit Ihrem Produktangebot unter eine dieser möglichen Ausnahmeregelungen fallen.

Lieferzeiten

Die Lieferzeit muss transparent sein, das heißt, der Kunde Ihres Onlineshops muss vor dem Klick auf den Bestellbutton erkennen können, wann er seine Ware bekommt. Diese Angabe muss so konkret wie möglich sein. Begriffe wie „wahrscheinlich am 20. Juni" oder „voraussichtlich am 21. Juni" sollten Sie vermeiden.

Zahlungsmethoden

Es gibt keine rechtlichen Bestimmungen, die bestimmte Zahlungsmethoden vorschreiben. Allerdings müssen Sie wenigstens eine
Zahlungsmethode anbieten, die für Ihren Kunden keine weiteren
Zusatzkosten mit sich bringt. Bei den übrigen von Ihnen angebotenen Zahlungsmethoden (Kreditkarten, PayPal oder Nachnahme)
müssen Sie explizit ausweisen, welche weiteren Gebühren mit der
Verwendung dieser Zahlungsmethode verbunden sind.

Verbraucherschlichtung

Aufgrund der Tatsache, dass viele Streitigkeiten zwischen Kunden
und Shopbetreibern in der Vergangenheit vor Gericht gelandet sind,
hat der Gesetzgeber das Instrument der Streitschlichtungsstellen
geschaffen, um langwierige Verfahren zu vermeiden. Wenn Sie als
Shopbetreiber Produkte vertreiben und mehr als zehn Mitarbeiter
haben, müssen Sie in Ihrem Shop auf eine Online-Streitbeilegung
hinweisen. Sollten Sie dazu nicht bereit sein, müssen Sie darauf
ebenfalls explizit hinweisen.

2.7 Marktplatz oder eigener Shop?

Eine Empfehlung, die ich meinen Kunden gebe, lautet: Stell nicht die Entweder-oder-Frage, sondern setze auf beide Kanäle, und sei es auch nur, um erste Erfahrungen zu sammeln. Gleichwohl gilt für den Shop dasselbe wie für die Website: Nur das, was Ihnen gehört, haben Sie auch vollumfänglich im Griff und können es nach Ihren Vorstellungen betreiben und entwickeln. Aus diesem Grund rate ich dringend, nach einem erfolgreichen Start auf einem Onlinemarktplatz schon bald den eigenen Shop ins Auge zu fassen. Wenn Sie sich schon auf Marktplätzen getummelt haben, wird Ihnen das zugutekommen, denn dann können Sie schon ziemlich genau einschätzen, welche Produkte gut laufen und welche Zahlungsmethoden sich bewährt haben. Kurz: Sie haben dann bereits so viel Erfahrung gesammelt, dass Sie wissen, was Ihr eigener Shop zum Erfolg benötigt. Ich will Ihnen abschließend die wichtigsten Gründe nennen, die für den eigenen Shop sprechen:

Ihr Shop – Ihr Grund und Boden

Nur Ihren eigenen Shop können Sie exakt so aufbauen, wie es für Ihre Zielgruppe sinnvoll ist. Während Marktplätze von Drittanbietern Ihnen ihre Regeln aufzwingen, können Sie individuelle Anpassungen, Suchfilterfunktionen, Produktbühnen für Ihre Topseller und vieles mehr nur auf Ihrem eigenen Grund und Boden umsetzen. Außerdem sorgen Ihr guter Name und die eigene Internetadresse Ihres Shops für eine unverwechselbare Markenbildung. Das alles zahlt nur auf Ihre Marke ein und nicht auf die von Drittanbietern. Oder können Sie sich noch daran erinnern, wie der eBay-Shop hieß, bei dem Sie Ihre letzte Handyhülle gekauft haben?

Ihr Shop – Ihre Kunden – Ihre Kundenbindung

Die Kunden, die Produkte von Ihnen auf Marktplätzen suchen und kaufen, sind und bleiben zunächst die Kunden dieser Drittanbieter. Die Kunden Ihres eigenen Shops können Sie segmentieren, ansprechen und mit Aktionsangeboten versorgen, wie Sie das möchten. Im besten Fall können Sie mit geschickt eingesetztem Contentmarketing (siehe Kapitel 8) sogar eine kleine Community zu Ihrem Thema aufbauen, die Ihre informativen Newsletter liebt. Sie sollten immer daran denken, dass die Kundenbeziehung das Wertvollste in jedem Unternehmen ist. Amazon, eBay und Co. wissen das auch.

Mit dem eigenen Shop langfristig Kosten senken

Provisionen und monatliche Listungsgebühren auf Marktplätzen sind auf Dauer ein nicht zu unterschätzender Kostenfaktor. Stellen Sie die Zahlungen ein, ist Ihr digitales Geschäft von einer Sekunde auf die andere vom Markt abgeklemmt. Alle Investitionen in Reichweite und Marke, die Sie in der Vergangenheit getätigt haben, sind in einer Sekunde vernichtet. Selbst wenn Sie die Marketingausgaben für Ihren eigenen Shop wegen schleppender Geschäftslage vorübergehend herunterfahren oder sogar einstellen müssen, werden Ihre Bestandskunden trotzdem Ihren Shop aufsuchen, denn Ihre Marke hat sich festgesetzt.

Halten Sie sich vor Augen, dass Traffic, den Sie durch Marketingaktionen bei Drittanbietern kaufen, nie in Ihrem eigenen Shop ankommt, sondern immer im Verkaufsregal des gewählten Marktplatzes landet. Dieser von Ihnen bezahlte Traffic verbleibt immer auf der Plattform und hilft dem Drittanbieter, aber so gut wie niemals Ihnen. Mit anderen Worten: Die Plattformen lassen sich den Verkehr, den Sie einkaufen, wieder von Ihnen bezahlen. Klingt das in Ihren Ohren nachhaltig?

Quickstarter –
schneller Erfolg mit Ihrem Shop

#1 Egal wie – fangen Sie an

Nicht zuletzt die Coronakrise 2020 hat die Vorteile des E-Commerce deutlich gemacht: Lokale Unternehmer, die einen Onlineshop hatten, konnten weiter im Geschäft bleiben, obwohl die Ladenlokale geschlossen waren. Ob Marktplatz oder eigener Onlineshop: Warten Sie nicht, sondern starten Sie morgen mit Ihrem E-Commerce-Projekt! Beginnen Sie mit einer Kalkulationstabelle (wie auf Seite 74 beschrieben) und verschaffen Sie sich zunächst einen Überblick über die zu erwartenden einmaligen Entwicklungskosten und fortlaufenden Marketingkosten. Immerhin sind die Startinvestitionen für einen eigenen Shop nicht unerheblich und binden Sie länger als die monatlich kündbaren Listungsgebühren auf einem Marktplatz wie eBay oder Otto.

#2 Ein bisschen Technik muss sein

Sie haben die Unterschiede zwischen Marktplätzen und eigenen Miet-, Kauf- oder Open-Source-Shopsystemen kennengelernt. Wägen Sie genau ab, was für Ihren Einstieg die richtige Lösung ist, und lassen Sie sich dabei Zeit. Schauen Sie sich die einzelnen Lösungen genau an und prüfen Sie, ob Ihre Anforderungen an Bezahlabwicklung, Warenwirtschaft und flexible Erweiterungsmöglichkeiten erfüllt sind. Ich empfehle Ihnen dringend, sich an einen Spezialisten oder eine Spezialagentur für E-Commerce zu wenden, die Ihnen auf diesem Weg helfen können. Das spart viel Zeit und vor allem falsche Investitionen. Lassen Sie sich Referenzen zeigen und fragen Sie, ob Sie mit den Kunden der Agentur auch direkt sprechen können. Zum einen können Sie dabei erfahren, wie die Zusammenarbeit geklappt hat, und ganz nebenbei erfahren Sie, welche Fehler Sie beim Einstieg in Ihr Shopsystem vermeiden können.

Sie kennen Amazon „Prime" – die pauschale Gebühr, mit der Sie Express-belieferung und zusätzlichen Service nutzen können? Was ist Ihr „Prime"-Service für Ihre Kunden, der Sie unwiderstehlich macht? Überlegen Sie sich vor Ihrem Start in den E-Commerce mindestens drei Punkte, die Sie von Anbeginn des Projekts bis zum Ende verfolgen und umsetzen – damit Sie lokal digital einzigartig werden! Speziell lokal agierende Shopbetreiber können mit ergänzendem Service erreichen, dass der potenzielle Kunde nicht zu Amazon & Co. wechselt, sondern in Ihrem Onlineshop kauft. Dieses zusätzliche Angebot kann eine Auslieferung in der nächsten Umgebung am selben Tag sein, ein spezieller Geburtstagsgeschenkservice mit kreativer Verpackung oder ein Geschenkservice mit Blumenversand in Kooperation mit dem örtlichen Blumenladen. Machen Sie es anders – machen Sie es besser als der „übliche Onlineshop" und denken Sie immer daran, dass der nächste Shop nur einen Klick entfernt ist!

3 Suchmaschinen-werbung

Suchmaschinenwerbung kann Ihnen schnell neue Kunden bescheren – wenn sie richtig auf die lokale Zielgruppe zugeschnitten ist. Allerdings kann sie auch eine Menge Geld kosten. Dieses Kapitel erklärt, wie Sie Ihre Onlinekampagnen so aufsetzen, dass sich Ihre Investition auch lohnt.

Suchmaschinen sind von zentraler Bedeutung, damit potenzielle Kunden Ihre Website und Ihren Webshop finden können. Eine der häufigsten Fragen, die mir gestellt werden, lautet daher: „Wie komme ich auf die erste Seite bei Google?" Um diese Frage zu beantworten, müssen wir zunächst zwei Dinge unterscheiden: Suchmaschinen zeigen in ihrer Ergebnisliste einerseits Anzeigen, die vom entsprechenden Unternehmen pro Klick bezahlt werden, und andererseits sogenannte organische Treffer, die nach inhaltlicher Relevanz sortiert und nicht gekauft sind.

In diesem Kapitel beschäftigen wir uns zunächst mit der Suchmaschinenwerbung (Search Engine Advertising, SEA), also der gekauften Anzeigenplatzierung. Wie Sie die Position Ihrer Website und ihres Shops in den organischen Treffern einer Suchmaschine optimieren können, ist Thema des nächsten Kapitels.

Sie werden sich jetzt fragen, warum Sie überhaupt in bezahlte Suchmaschinenwerbung investieren sollen. Ich erkläre meinen Kunden dazu, dass die Investition in SEA nur so lange notwendig ist, bis Sie es geschafft haben, über die Optimierung der organischen Treffer eine Position zu erreichen, die Ihnen den erwünschten Verkehr für Ihre Website oder Ihren Shop liefert. Das heißt konkret: Wenn Sie bei der Suchanfrage „Steuerberater Berlin-Kreuzberg" nicht auf der ersten Seite einer Suchmaschine auftauchen und nicht genügend Kunden zu Ihnen geleitet werden, buchen Sie SEA-Anzeigen. Sobald Sie dieses Ziel erreicht haben, können Sie diese Investition peu à peu zurückfahren. Entscheidend ist, das Gleichgewicht zu finden zwischen Investition und erhoffter Zahl an Kundenanfragen. So funktioniert Onlinemarketing!

Schauen wir uns zunächst eine typische Trefferliste bei Google, BING und Co. an, wenn wir zum Beispiel „Zahnarzt Köln" eingeben (siehe Seite 88).

Beim Blick auf die Trefferliste fällt auf, dass die ersten organischen Treffer sehr weit unten auftauchen. Zuerst werden Anzeigen eingeblendet und dann eine Karte, auf der die Standorte der Anzeigenkunden verzeichnet sind. Erst dann folgen die regulären Treffer. Wenn wir uns die gleiche Suchanfrage auf dem Smartphone anschauen, sind die Anzeigen noch dominanter. Um zum ersten organischen Treffer zu gelangen, muss der Nutzer schon ziemlich weit nach unten scrollen. Das heißt, selbst wenn Ihre Website zu einer lokal relevanten Suchanfrage wie zum Beispiel „Zahnarzt Köln" eine gute Position unter den organischen Treffern erzielt, kann es dennoch sinnvoll sein, sie durch eine Textanzeige noch weiter nach oben zu rücken. Denn Nutzer sind faul und haben keine Lust, weit zu scrollen. Entsprechend lukrativ sind die oberen Positionen bei mobilen Trefferlisten.

Der größte Vorteil bezahlter Suchmaschinenwerbung ist, dass sich die Textanzeigen hervorragend auf Suchanfragen mit lokalem Bezug ausrichten lassen. Da unsere lokale Zielgruppe dank Smartphone überall online ist, jederzeit nach Produkten und Dienstleistungen sucht und jede dritte Suche bei Google einen lokalen Bezug hat, können Sie so jede Menge potenzielle Kunden an Land ziehen.

Die Suchmaschinen haben auf diesen Trend zu lokalen Anfragen reagiert und ihre Technologie verfeinert: Sie bestimmen mittlerweile ziemlich exakt den Standort des Suchenden und zeigen ihm Ihre Anzeige, sobald sich Ihr Geschäft – egal ob Restaurant, Schönheitssalon, Arzt oder Handwerker – in seiner direkten Umgebung befindet. Dies gilt nicht nur für Smartphones, sondern für alle Geräte.

Bevor wir damit starten, wie man eine optimale lokale Suchmaschinen-Anzeigenkampagne aufsetzt, möchte ich Ihnen zunächst erklären, was eine Textanzeige kostet und wie sich die Kosten zusammensetzen, denn diese Frage wird mir bei nahezu allen Kundengesprächen als erste gestellt.

3.1 Kosten von Suchmaschinenwerbung

SEA-Textanzeigen haben keine festen Preise – die Kosten und die Position auf der Trefferliste sind vielmehr von verschiedenen Faktoren abhängig.

Wichtig ist zunächst das Keyword, also der Begriff oder die Begriffe, unter denen Sie gefunden werden möchten. Je mehr Werbekunden unter diesem Keyword gefunden werden wollen, desto höher ist der Preis pro Klick der Anzeige. Das System im Hintergrund funktioniert im Grunde genommen wie eine Auktion, bei der Sie mitbieten.

Der zweite wichtige Faktor ist die Qualität Ihrer Website: Die Suchmaschinen prüfen automatisch, wie gut das Keyword und der Anzeigentext den Inhalten Ihrer Website entsprechen. Außerdem wird ermittelt, wie gut das Keyword zur Suchanfrage Ihres potenziellen Kunden passt. Aus diesen Faktoren wird ein

Qualitätsfaktor berechnet (1 = schlecht, 10 = sehr gut). Je höher der Qualitäts-faktor, desto niedriger ist der Preis pro Klick der Anzeige.

Das Keyword und der Qualitätsfaktor bestimmen den Anzeigenrang und dieser ist wiederum entscheidend für die Position in der Trefferliste. Ich möchte Ihnen diesen Zusammenhang in vereinfachter Form kurz erläutern:

Keyword „Maler München"	Maximales Gebot	Qualitäts-faktor	Anzeigen-rang (Maximales Gebot × Qualitäts-faktor)	Position
Werbekunde 1	2 Euro	10	20 Euro	1
Werbekunde 2	4 Euro	4	16 Euro	2
Werbekunde 3	6 Euro	2	12 Euro	3

Das Beispiel zeigt, dass sich die Qualität stark auf die Position der Anzeige aus-wirkt: Obwohl Werbekunde 3 bereit ist, für sein Suchwort bis zu 6 Euro pro Klick zu zahlen, schafft er es mit seiner Anzeige im Vergleich zu den Werbekun-den 1 und 2 nur auf den dritten Platz, denn sein Qualitätsfaktor liegt nur bei 2. Umgekehrt erreicht Werbekunde 1 aufgrund seines sehr guten Qualitätsfaktors mit dem geringsten Gebot die begehrte Spitzenposition.

Aber was muss Werbekunde 1 denn nun für einen Klick auf seine Anzeige bezahlen? Für die Preisermittlung wird der Anzeigenrang des nachfolgenden Wettbewerbers (Werbekunde 2) durch den Qualitätsfaktor von Werbekunde 1 geteilt. In unserem Beispiel also 16 Euro : 10 = 1,6 Euro. Auf diesen Preis wird noch ein Cent addiert, sodass Werbekunde 1 für einen Klick auf seine Anzeige 1,61 Euro bezahlt. Warum ist das so kompliziert? Google will durch den Qua-litätsfaktor sicherstellen, dass nicht unbedingt der Werbekunde mit dem größten Budget den prominentesten Platz erhält, sondern Anzeigen mit dem größten Nutzen für den Endkunden bevorzugt werden.

Wenn Werbekunde 3 unbedingt auf Platz eins erscheinen will, ist das dementsprechend teurer. Würde er beispielsweise ein Maximalgebot von 11 Euro ansetzen, würde er sich bei einem Qualitätsfaktor von 2 mit einem Anzeigenrang von 22 Euro vor den Werbekunden 1 schieben und würde dann 10,01 € pro Klick zahlen.

Da sowohl die Qualitätsfaktoren als auch Ihre Konkurrenz in ständiger Bewegung sind, unterscheidet sich auch der Preis bei jedem Klick, er überschreitet aber niemals die von Ihnen vorher definierte Grenze. Wenn Ihr zunächst festgelegtes Budget aufgebraucht ist, werden Sie vom Suchmaschinenanbieter in der Regel darüber informiert. Die Anzeige wird ab diesem Moment nicht mehr in den Suchergebnissen angezeigt.

3.2 Die wichtigsten Tipps und Tricks für Ihre erfolgreiche Suchmaschinenwerbung

Wie bei jeder Werbekampagne müssen Sie sich zu Beginn darüber im Klaren sein, was Sie erreichen und vor allem wen Sie ansprechen möchten. Für unsere lokale SEA-Kampagne bietet sich dazu eine Reihe spannender Möglichkeiten an: Sie können Ihr Unternehmen generell bekannter machen oder Ihre lokalen Zielgruppen direkt ansprechen, um so den Verkauf Ihrer Produkte über Ihr Ladenlokal oder Ihren Onlineshop zu beflügeln. Sie können sich bei den Suchmaschinen vor Ihren lokalen Wettbewerbern platzieren oder sich einen direkten telefonischen Kontakt zu potenziellen Kunden, Mandanten oder Patienten vermitteln lassen.

Bevor Sie mit der Schaltung von Anzeigen beginnen, benötigen Sie sowohl bei Google als auch bei Microsoft BING ein kostenloses Benutzerkonto [▦]. Ihre Werbekampagne lässt sich bei Google wie bei Microsoft Advertising im Wesentlichen über die folgenden drei Metriken steuern:

Suchbegriffe/Keywords Keywords sind ein zentraler Baustein Ihrer SEA-Kampagne. Sie sollten sich daher zunächst Gedanken machen, mit welchen Begriffen Nutzer Ihr Unternehmen oder Ihre Produkte suchen (siehe dazu Seite 16). Für Ideen und Anregungen können Sie außerdem Tools wie den Google Keyword-Planer nutzen. Er liefert Ihnen auch eine erste Einschätzung zum monatlichen Suchvolumen und den Kosten, die mit dem Keyword verbunden sein könnten. Ganz wichtig: Kombinieren Sie Ihre Keywords immer mit der Region, in der Sie gefunden werden möchten, zum Beispiel „Rechtsanwalt Bonn".

Zielgruppen Nachdem Sie die Keywords für Ihre lokale SEA-Kampagne bestimmt haben, geht es um Ihre Zielgruppe und deren Charakteristika. Im Fall eines Dachdeckers schlägt Google dazu Hauseigentümer, Wohnungseigentümer und Zielgruppen mit einem weiterführenden Bildungsabschluss vor. Sie können die Angaben immer weiter verfeinern und anschließend noch um mögliche Absichten der Zielgruppe erweitern. In unserem Dachdecker-Beispiel schlägt Google auch Zielgruppen vor, die Kaufbereitschaft für „Produkte im Außenbereich" signalisiert haben.

Demografische Merkmale Zum Schluss können Sie Ihre Zielgruppe noch in Bezug auf die klassischen demografischen Merkmale wie Alter, Wohnort oder Sprache näher bestimmen.

Ich stelle bei 80 bis 90 Prozent meiner Neukunden fest, dass diese Metriken bisher nicht konsequent ausgenutzt wurden. Häufig haben sie ihre SEA-Anzeigen selbst gebucht oder dies einer Agentur überlassen, die nicht auf lokale Unternehmen spezialisiert ist. Doch speziell im lokalen Umfeld bieten Google und Microsoft Advertising eine Menge Möglichkeiten, um sich vom Wettbewerb abzuheben!

Optimaler Anzeigentitel und -text mit regionalem Bezug

SEA-Anzeigen sind Textanzeigen. Es ist daher besonders wichtig, dass der Anzeigentext auch das Interesse der Zielgruppe weckt. Im optimalen Fall enthält er Aussagen zum regionalen Standort, eine konkrete Handlungsaufforderung (Call to Action, siehe Seite 94) und Ihr Alleinstellungsmerkmal (Unique Selling Proposition, USP), also das einzigartige Verkaufsargument für Ihre Waren oder Dienstleistungen. Ich empfehle, Ihre Textanzeige wie folgt aufzubauen.

Regionaler Bezug im Anzeigentitel Da wir uns im lokalen Markt bewegen, sollte bereits der Anzeigentitel einen klaren regionalen Bezug vermitteln. Der Suchende muss sich sozusagen in der Anzeige lokal wiederfinden. Das heißt konkret: Wenn ich auf der Suche nach einem Anwalt für Arbeitsrecht in Köln-Rodenkirchen bin, dann muss mir schon im Anzeigentitel dieser Stadtteil angeboten werden. Wenn Ihnen die Eingrenzung auf Rodenkirchen zu klein ist, erweitern Sie den Radius gerne auf ganz Köln. Wichtig ist nur, dass Sie eine lokale Zuordnung nennen.

Alleinstellungsmerkmal im Anzeigentitel und -text Der USP sollte sowohl im Titel als auch im Text genannt werden. Wenn wir bei unserem Beispiel bleiben, dann könnte das Alleinstellungsmerkmal darin liegen, dass Sie Fachanwalt sind und sich darin von Ihren Wettbewerbern unterscheiden. Für den Suchenden sind genau das die Differenzierungen und Anreize, Ihre Anzeige anzuklicken!

Wichtigstes Keyword im Anzeigentitel und -text Versuchen Sie, das wichtigste Keyword sowohl im Titel als auch im Text der Anzeige mindestens einmal zu verwenden. Sie erreichen damit zwei Ziele: Erstens wird das Keyword im Anzeigentext fett dargestellt, wenn der Suchende es in den Suchschlitz eingibt. Zweitens verbessert es Ihre Anzeigenqualität, wenn das wichtigste Keyword mindestens zwei Mal in der Anzeige vorkommt. Aber übertreiben Sie es nicht mit den Keyword-Wiederholungen – eine zu aufdringliche Verwendung kann beim Nutzer auch das genaue Gegenteil bewirken!

Handlungsaufforderung Handlungsaufforderungen erzielen immer eine bessere Klickrate als langweilige Anzeigentexte ohne Call to Action. Im Fall des Fachanwalts für Arbeitsrecht kann das ein „Rufen Sie jetzt an" oder „Vereinbaren Sie jetzt ein kostenloses Erstgespräch" sein. Für Onlineshops bieten sich Klassiker an wie „Jetzt kaufen" oder „Jetzt Angebote sichern". Für ein Restaurant wäre naheliegend „Tisch jetzt reservieren", und unser Dachdecker kann mit einem „Jetzt kostenlose Checkliste für den Dachausbau herunterladen" punkten.

So sieht das Schema einer Suchmaschinen-Textanzeige bei Google Ads aus:

Und so könnte zum Beispiel der Text lauten:

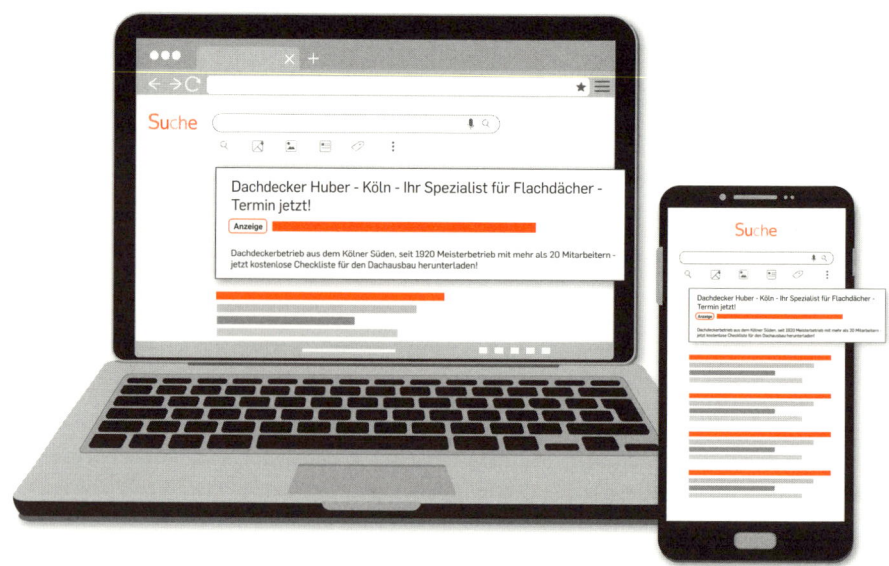

Zu Beginn des Kapitels habe ich bereits auf die Bedeutung des Qualitätsfaktors hingewiesen, der Werte zwischen 1 und 10 erreichen kann. Für einen guten Qualitätsfaktor ist entscheidend, dass sich die wichtigsten Keywords, die in der SEA-Anzeige genannt werden, auch auf der Zielseite wiederfinden. Unser Rechtsanwalt muss auf dieser Seite also genau auf die Zielgruppe eingehen, die einen Fachanwalt für Arbeitsrecht sucht. Konkret bedeutet das, dass er die wichtigsten Informationen und Dienstleistungen im Bereich Arbeitsrecht nennen sollte, wie etwa Kündigungsschutzrecht, Regelungen im Fall einer Abmahnung oder Vertragsgestaltung. Wenn der Suchende diese Informationen nicht findet und schnell wieder zur Ergebnisliste von Google oder BING zurückspringt, spricht man von einem sogenannten Shortklick. Suchmaschinen werten solche Klicks als Zeichen für einen schlechten Qualitätsfaktor. In der Konsequenz wird Ihre SEA-Anzeige teurer und in der Rangfolge schlechter einsortiert.

Immer wieder erlebe ich, dass Kunden von ihrer SEA-Anzeige einfach nur auf ihre Homepage lenken. Auf dieser Seite wird aber die Frage des Nutzers meist nicht zielführend beantwortet. Für den Suchenden ist das ein schlechtes „Sucherlebnis" und damit leidet auch die gesamte SEA-Kampagne. Besser ist es, für Ihre Anzeigenkampagne eine sogenannte Landingpage zu bauen, also eine spezielle Zielseite, die diese eine Frage beantwortet. Die Zauberformel für eine perfekte Landingpage heißt: Weniger ist mehr. Sie sollte keine komplexe, wissenschaftliche Abhandlung zu Ihrem Angebot enthalten, sondern schnell zu einer Aktion wie zum Beispiel einem Anruf, einem Kontaktformular oder einer Reservierung führen. Halten Sie diese Seite knapp, gehen Sie nur kurz auf Ihre Leistungen ein, zeigen Sie Ihre Kompetenz in Form von Siegeln, Bewertungen oder Testberichten und leiten Sie dann schnell zu einer Handlungsaufforderung. Das folgende Beispiel stellt die Struktur einer perfekten Landingpage kurz dar.

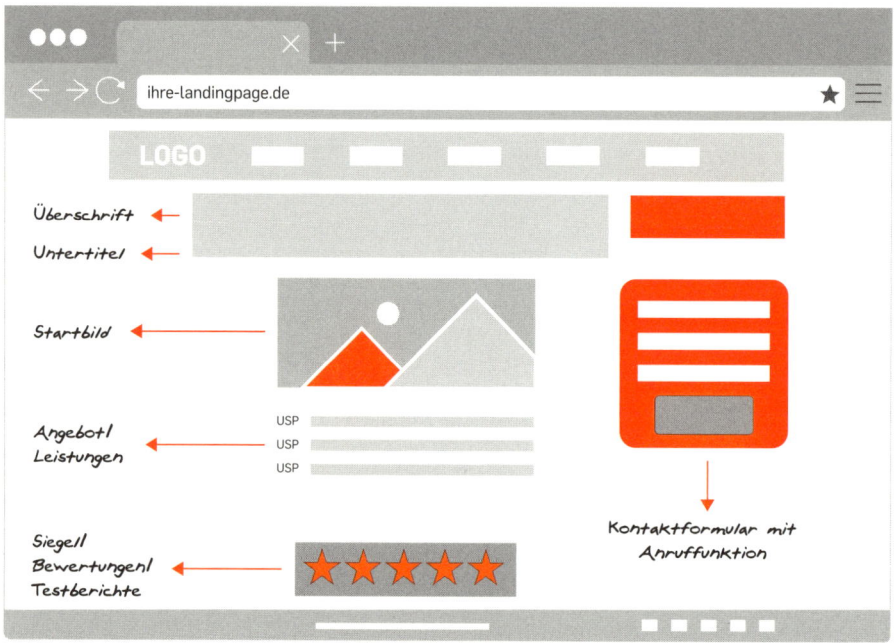

Werbezeitplaner an Ihre Öffnungszeiten anpassen

Bevor Sie Ihre SEA-Kampagne starten, sollten Sie unbedingt auf die Werbe-
zeitplanung achten. Sowohl bei Google als auch bei Microsoft Advertising
gibt es eine entsprechende Funktion, die aber leider von vielen Kunden und
Agenturen übersehen wird. Das hat zur Folge, dass Ihre Anzeigen – und die
damit verbundenen konkreten Anfragen oder Anrufe – zu Zeiten erfolgen,
in denen Ihr Ladenlokal oder Büro gar nicht besetzt ist. Quoten von mehr als
50 Prozent an verpassten Anrufen sind keine Seltenheit. Damit verprellen
Sie potenzielle Neukunden, ganz abgesehen davon, dass die SEA-Anzeigen
dafür auch zu teuer sind. Standardmäßig ist der Werbezeitplaner auf ganztä-
gig geschaltet. Überprüfen Sie also in jedem Fall die Einstellungen. Das spart
immens Kosten!

Für lokale Anbieter sind und bleiben lokale Kontakte und Kundenbeziehungen die wichtigste Erfolgsgröße. Was bringt einem Steuerberater in Hamburg eine Suchanfrage aus München, wenn es um einen konkreten Termin vor Ort geht? Eine der wichtigsten Einstellungen ist daher die geografische Aussteuerung der Anzeige. Sie wird dann nur Nutzern gezeigt, die im ausgewählten Umkreis suchen oder sich dort aufhalten. Sowohl bei Google als auch bei Microsoft Advertising können Sie den gewünschten Umkreis bequem einstellen. Wie sinnvoll diese geografische Auswahl ist, möchte ich Ihnen an einigen Beispielen verdeutlichen.

Für ein Restaurant, das in Köln-Rodenkirchen neu eröffnet hat, ist es von Interesse, neue Besucher anzusprechen. Es kann seine SEA-Anzeige bis auf die Postleitzahl- oder Stadtteilebene herunterbrechen. Somit verringert sich zwar die Gesamtzahl der potenziellen Besucher, doch ist Köln zu groß, um davon ausgehen zu können, dass jemand aus dem Norden der Stadt in den Süden fährt, um ein neues Restaurant zu besuchen.

Eine Steuerberatungskanzlei, die bisher nur Mandanten in Köln akquiriert hat, möchte einen neuen Service in ganz Nordrhein-Westfalen anbieten. Sie will die Kölner Zielgruppe aber explizit ausschalten, weil sie diese Kunden bereits in einem Rundbrief über den neuen Service informiert hat. Auch dieses Ziel lässt sich mit der geografischen Parametrisierung von SEA-Anzeigen umsetzen.

Für einen Kölner Einzelhändler, der exklusive Hundeleinen anbietet und bislang nur lokale Kunden ansprechen konnte, ist es hingegen von Interesse, für seinen neuen Onlineshop möglichst breit zu werben, er wird daher seine SEA-Kampagne bundesweit aussteuern.

Die Kosten sind ebenfalls ein wichtiges Argument für eine geografische Anzeigenausspielung. Eine bundesweite SEA-Kampagne ist in der Regel deutlich teurer, da man mit Unternehmen aus dem ganzen Land konkurriert, was die Klickpreise nach oben treibt. Je konkreter Sie Ihre SEA-Anzeige regional aussteuern, desto günstiger wird es. Zwar ist die Zielgruppe dann entsprechend kleiner, dank der geografischen Nähe zu Ihrem Unternehmen aber auch deutlich relevanter.

Anzeigenerweiterungen – die Königsdisziplin für lokale Aktionen

Anzeigenerweiterungen sind das i-Tüpfelchen jeder lokalen SEA-Kampagne. Von den meisten Agenturen werden sie nur stiefmütterlich behandelt, dabei können Sie sich mit den pfiffigen Erweiterungen deutlich vom Wettbewerb absetzen und signifikant bessere Klickraten erzielen als mit einfachen Textanzeigen. Das Beste daran ist: Die Erweiterungen kosten keinen Cent mehr, obwohl sie die Anzeige deutlich vergrößern! Für lokale Anbieter empfehle ich folgende Anzeigenerweiterungen:

Sitelink-Erweiterung Seitenverlinkungen (Sitelinks) bieten eine zusätzliche Verlinkung auf eine spezielle Unterseite Ihrer Website. Dies kann zum Beispiel die „Kontaktseite" sein oder im Fall unseres Fachanwalts für Arbeitsrecht eine spezielle Unterseite zum Thema „Abmahnung abwehren". Sitelinks werden stets unter dem Anzeigentext dargestellt.

Erweiterung mit Zusatzinformationen In den Zusatzinformationen können Sie Vorteile Ihres Unternehmens darstellen. Anders als die Sitelink-Erweiterungen sind diese Textelemente nicht verlinkt, können also vom Nutzer nicht angeklickt werden. Sie dienen lediglich der Informationsvermittlung, belegen aber eine weitere Zeile in der SEA-Anzeige und heben Sie gegenüber Ihren Wettbewerbern hervor.

Desktop   **Mobile**

Überschrift
`Anzeige`
Vorteil des Produkts/der Dienstleistung. Call to Action
`Bullet Point 1 - Bullet Point 2 - Bullet Point 3 - Bullet Point 4`
Sitelink 1 - Sitelink 2 - Sitelink 3 - Sitelink 4

Überschrift
`Anzeige`
Vorteil des Produkts/
der Dienstleistung. Call to Action
`Bullet Point 1 - Bullet Point 2 - Bullet Point 3`

Anruferweiterung Eine für lokale Anbieter perfekte Erweiterung ist die Anruferweiterung, denn Anrufe sind nach wie vor eine der beliebtesten Kontaktmöglichkeiten für regionale Anbieter. Umso verwunderlicher ist es, dass diese Erweiterung kaum genutzt wird. In der mobilen Darstellung der Anzeige erscheint ein Anruf-Button, über den der Nutzer eine direkte Verbindung aufbauen kann. Auf DesktopComputern und Tablets wird die in der Anzeige hinterlegte Nummer eingeblendet.

Desktop   **Mobile**

Anzeigenerweiterung für Bewertungen Bewertungen sind für viele Anbieter von Dienstleistungen und Produkten ein rotes Tuch. Die Angst vor negativen Bewertungen hält viele davon ab, aktiv zur Bewertung aufzufordern (siehe Kapitel 6). Verhindern lassen sich Bewertungen jedoch nicht – Sie müssen damit leben. Für viele Kaufinteressierte sind Bewertungen im Internet maßgeblich für ihre Entscheidung – ganz gleich, ob es sich um den Besuch eines Restaurants, den Kauf eines Fernsehers oder die Wahl des Handwerkers handelt. Für Ihre SEA-Kampagne müssen Bewertungen aus externen Quellen vorliegen. Welche das sind, können Sie zum Beispiel für

Google abfragen [⬛]. Bevor die Suchmaschine diese anzeigt, müssen jedoch mindestens 100 unterschiedliche Bewertungen mit durchschnittlich wenigstens 3,5 Sternen vorliegen. Erst dann werden diese Bewertungen angezeigt.

Standorterweiterung Die aus meiner Sicht wichtigste Erweiterung für lokale Anbieter und Unternehmen ist die Standorterweiterung, denn damit können Nutzer Ihr Unternehmen einfacher finden. Sie blendet die exakte Adresse Ihres Geschäfts ein und bietet in mobilen SEA-Anzeigen eine Routenfunktion zur Navigation. Um die Standorterweiterung nutzen zu können, benötigen Sie einen Google My Business-Eintrag, den Sie kostenlos anlegen können (siehe Kapitel 7).

Desktop

Überschrift
Anzeige
Vorteil des Produkts/der Dienstleistung. Call to Action
Sehr gut (1,1) - 01/2019 - testberichte.de
📍 Beispielstraße 1A, Musterstadt

Mobile

Überschrift
Anzeige
Vorteil des Produkts/ der Dienstleistung. Call to Action
Sitelink 1 - Sitelink 2
📍 Wegbeschreibung abrufen - Musterstadt

Call-only-Kampagnen

Mit den sogenannten Call-only-Kampagnen lassen sich bei Google Anzeigen schalten, die auf Klick einen Anruf zu Ihrem Unternehmen aufbauen. Dieser

Anzeigentyp wird nur auf mobilen Endgeräten ausgespielt, die einen Anruf ermöglichen, nicht aber auf Desktop-Computern. Leider wird dieser Anzeigentyp kaum verwendet, obwohl er speziell für kleine und mittlere Unternehmen eine perfekte Möglichkeit darstellt, mobile Nutzer aus der Umgebung direkt ans Telefon zu bekommen.

Wenn Sie eine Call-only-Kampagne einrichten, müssen Sie nur die folgenden Informationen angeben: Name Ihres Unternehmens (max. 25 Zeichen), die Rufnummer, die angerufen werden soll, und eine zweite Textzeile, die Sie werblich gestalten können. Optional können Sie auch die Adresse Ihrer Website angeben, die aber nicht klickbar ist, sondern dem Nutzer nur angezeigt wird. Außerdem verlangt Google die Angabe Ihrer Website, um die in der Anzeige verwendete Rufnummer verifizieren zu können.

Hilfreich ist auch, dass Google Ihnen eine kostenfreie Rufnummer zur Verfügung stellt, mit deren Hilfe Sie einsehen können, wie viele Nutzer über die Anzeige angerufen haben und wie lange ein Anruf im Durchschnitt gedauert hat.

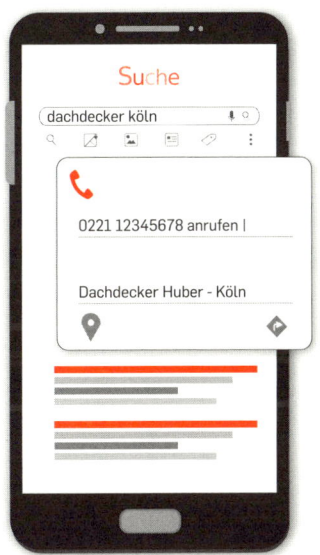

Tipp: Bei einer Call-only-Kampagne müssen Sie unbedingt darauf achten, Ihre Werbezeiten mit Ihren Öffnungszeiten abzugleichen (siehe Seite 96). Damit stellen Sie sicher, dass Ihre Anzeige dem Nutzer nur dann auf dem Smartphone angezeigt wird, wenn Sie tatsächlich telefonisch erreichbar sind.

Local-Inventory-Kampagnen

Einer der aus meiner Sicht spannendsten Anzeigentypen für kleine und mittelständische Unternehmen auf lokaler Ebene sind sogenannte

Local-Inventory-Kampagnen. Dieser Anzeigentyp eignet sich für Firmen, die über ein Ladenlokal verfügen und ihren Nutzern ihre Produkte und deren Verfügbarkeit in ihrem Geschäft zeigen möchten (Local Inventory = lokaler Bestand). Diese Anzeigen bieten die Möglichkeit, sich gegen die großen Internetplattformen zu behaupten, denn Nutzer, die nach einem Produkt suchen, bekommen angezeigt, dass sie es in ihrer direkten Umgebung bei Ihnen kaufen können.

Man könnte diese Anzeigen auch als digitales Schaufenster der Suchmaschine Google bezeichnen. Für Sie als Händler ist es besonders einfach, weil Sie dafür noch nicht einmal einen eigenen Onlineshop benötigen. Sie können die Produkte, die Sie in Ihrem Ladenlokal vorhalten, über Ihr Warenwirtschaftssystem abbilden.

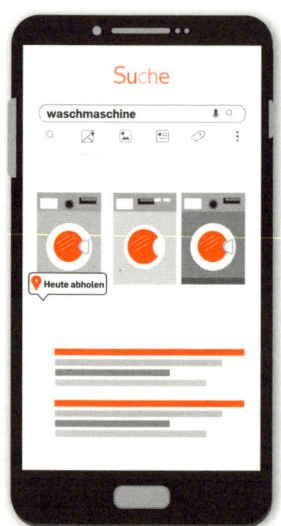 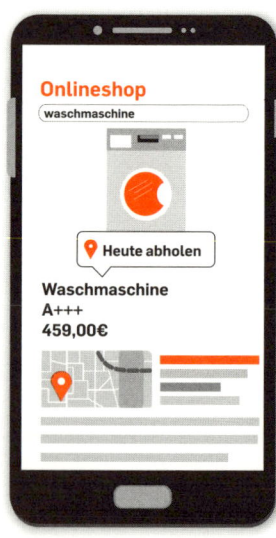 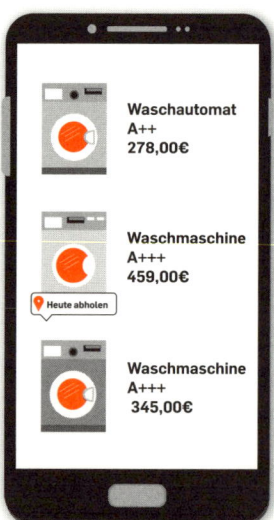

Local-Inventory-Anzeige   Local Landingpage   Weitere Produkte

So bekommt zum Beispiel ein Nutzer, der eine neue Waschmaschine sucht, über eine kleine blaue Fahne angezeigt, dass es das Produkt auch in seiner unmittelbaren Nähe zu kaufen gibt. Klickt der Kunde auf die Anzeige, gelangt er auf eine von Google bereitgestellte „Local Landingpage" oder auf Ihren Online-shop (wenn Sie einen haben). Auf dieser Seite erhält er alle weiteren Informationen zum Produkt. Darunter befindet sich eine Karte, die ihm den kürzesten Weg zu Ihrem Laden zeigt. Sollten Sie weitere Produkte als Local-Inventory-Anzeigen eingestellt haben, werden diese dem Kunden ebenfalls angezeigt.

Shoppingkampagnen

Abschließend möchte ich Ihnen die Möglichkeiten einer Shoppingkampagne vorstellen. Wenn Sie einen eigenen Onlineshop betreiben, sind Sie damit in der Lage, Ihre Reichweite signifikant zu steigern.

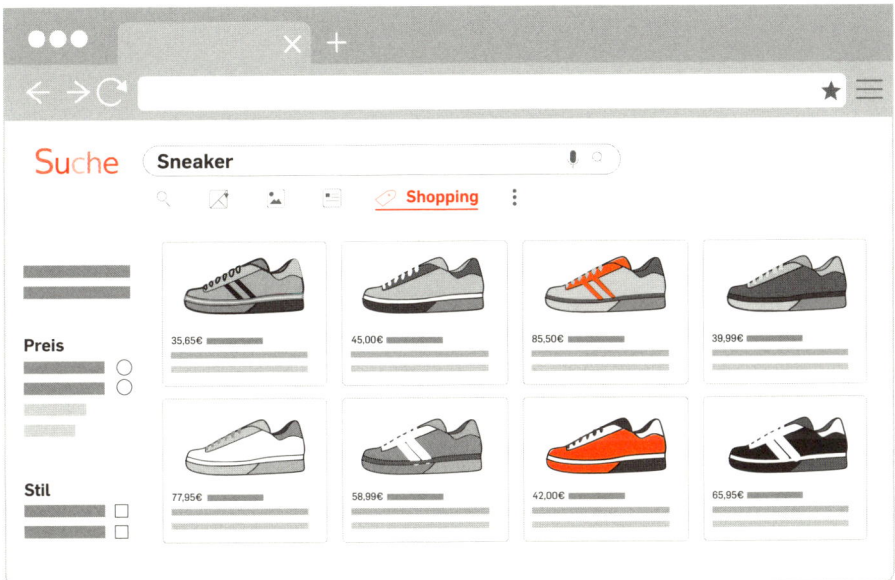

Google-Shopping ist eine Kombination aus Produkt- und Preisvergleichsma-schine. Shopping-Anzeigen werden oberhalb oder rechts neben den allgemeinen Suchergebnissen angezeigt, aber auch auf der Shopping-Seite von Google sowie im erweiterten Netzwerk der Suchmaschine (Google Displaynetzwerk, Google Bilder und YouTube).

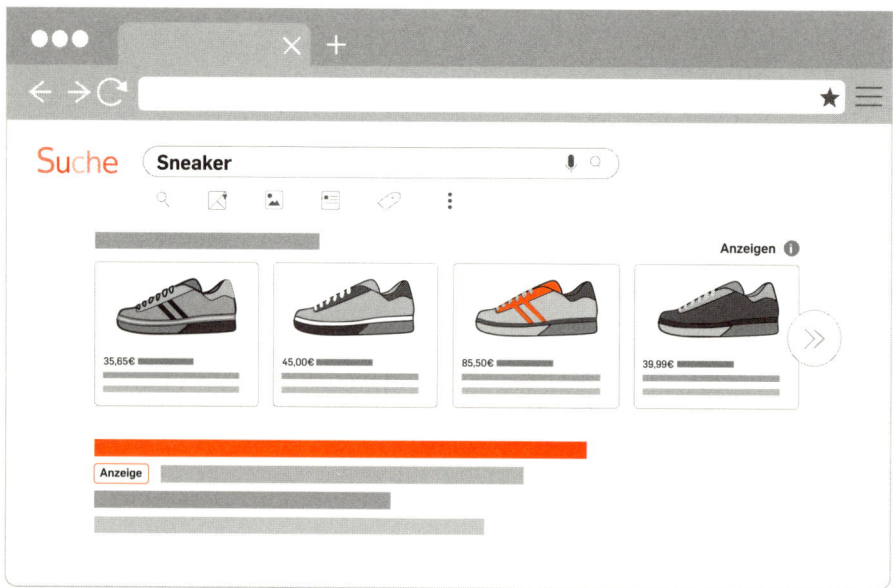

Im Gegensatz zu allgemeinen SEA-Anzeigen, die ein reines Textformat haben, gibt es bei Shopping-Anzeigen auch Produktabbildungen. Damit kann der Nutzer direkt einen Eindruck vom gesuchten Produkt gewinnen.

In Verbindung mit Local-Inventory-Anzeigen können Sie in Shopping-Anzeigen zusätzlich das Signal unterbringen, dass Ihr Produkt im Umkreis des Suchenden angeboten wird. Im Gegensatz zu reinen Preissuchmaschinen, die den Preis als primäres Kriterium nutzen, sortiert Google die Shopping-Ergebnisse nach Relevanz. Ausschlaggebend sind zum Beispiel die Aktualität der Produktdaten, die Klickrate, gute Überschriften, gute Bewertungen Ihrer Produkte oder eben auch die Nähe des potenziellen Kunden zu einem Ladenlokal. Letzteres ist Ihr Vorteil!

Wozu dient das Google Merchant Center?

Um bei Google-Shopping zu starten, ist ein Google-Account mit Google Ads-Account notwendig sowie ein Zugriff auf das sogenannte Google Merchant Center. Letzteres verwaltet den Datenstrom, den Ihr Shop bereitstellt und den Google dann in Verbindung mit dem Ads-Account in Shopping-Anzeigen überträgt. Dieser Datenstrom lässt sich entweder automatisch oder manuell an das Merchant Center leiten. Ich empfehle Ihnen die automatische Variante, denn damit sorgen Sie dafür, dass der Datenstand Ihrer angebotenen Artikel stets aktuell ist. Ist Ihr Datenstrom nämlich älter als 30 Tage, dann deaktiviert Google Ihre gesamte Shoppingkampagne, und Ihre Anzeigen sind nicht mehr zu sehen. Um den Datenstrom an das Google Merchant Center zu leiten, müssen Sie unter anderem folgende Angaben machen:

Artikel-ID: Diese ID muss für jeden angelieferten Artikel einzigartig sein.

Titel: Wählen Sie einen aussagekräftigen Titel für Ihre Produkte. Verwenden Sie nicht einfach nur die Titel, die Ihr Lieferant in seinem Produktkatalog genannt hat. Denn diesen Katalog haben im Zweifelsfall auch Hunderte weitere Händler erhalten, die alle den gleichen Titel verwenden. Suchen Sie nach Möglichkeiten, sich von Ihrer Konkurrenz abzuheben!

Produktbeschreibung: Gleiches gilt für die Beschreibung – wenn Sie nur das beschreiben, was alle beschreiben, tun Sie Ihrer Anzeigenqualität keinen Gefallen. Verwenden Sie auch dazu Texte, die möglichst einzigartig sind.

Link zu jedem Artikel: Nur der Link zum passenden Artikel führt zum Ziel.

Bild-Link zu jedem Artikel: Ordnen Sie die verwendeten Bilder dem entsprechenden Produkt zu.

Artikelzustand: Sagen Sie etwas dazu, ob Ihre Produkte neu, gebraucht oder erneuert sind.

Verfügbarkeit: Ist Ihr angebotenes Produkt auf Lager oder muss es bestellt werden, und wenn ja, mit welcher Lieferzeit muss der Kunde rechnen?

Aktueller Preis: Das ist ein sehr wichtiger Punkt, denn die Preisangabe muss identisch sein mit der in Ihrem Shop, sonst sperrt Google Ihre Anzeige sofort.

Marke: Auch für Nutzer immer wieder ein wichtiges Suchkriterium.

Anbindung an Google Ads

Sobald Sie die Einstellungen im Merchant Center abgeschlossen haben, können Sie damit beginnen, die Verknüpfung zur Google Shoppingkampagne herzustellen. Wählen Sie in Ihrem Ads-Konto als Kampagnentyp Shopping aus, hinterlegen Sie den Zugang zu Ihrem Merchant Center, und los geht's!

Abschließend durchlaufen Sie alle weiteren Kampagnen-Einstellungen, die Sie bereits aus Google Ads kennen. Keywords können Sie hier nicht definieren, da Google diese aus Ihrem Datenstrom selbstständig extrahiert. Spannend für lokale Händler ist hingegen die Möglichkeit, ihre Anzeigen geografisch auszusteuern (siehe dazu auch Seite 97).

Falls Sie Ihre Shopping-Anzeigen auch bei BING ausspielen möchten, bietet Ihnen Microsoft dazu einen einfachen Import der Shopping-Anzeigen aus dem Google Merchant Center. So können Sie mit nur wenigen Mausklicks ausprobieren, ob BING als Shopping-Plattform ebenfalls für Sie infrage kommt.

Quickstarter – schneller Erfolg mit Suchmaschinenwerbung

#1 Mit SEA-Kampagnen morgen lokale Kunden ansprechen

Um schnell auf Ihr Unternehmen aufmerksam zu machen und an Neukunden zu kommen, sollten Sie die Möglichkeiten der bezahlten Suchmaschinenwerbung ausprobieren. Wenn Sie sich unsicher sind, ob Sie damit die gewünschten Erfolge erzielen können, empfehle ich immer einen kleinen, kostengünstigen Start für 100 bis 150 Euro pro Monat. Sollten Sie nach drei Monaten – so lange benötigt eine lokale SEA-Kampagne, bis sie erste brauchbare Ergebnisse liefert – noch immer keinen Mehrwert erzielen können, stellen Sie Ihre SEA-Kampagne mit einem Klick oder einem Anruf bei Ihrem Dienstleister auch wieder ein.

#2 Local-Inventory-Anzeigen

Diese Anzeigen sind für jeden Händler, der die Stärken eines physischen Ladenlokals vor Ort ausspielen möchte, ein unbedingtes Muss. Mit Local-Inventory-Anzeigen können Sie den ROPO-Effekt (Research Online, Purchase Offline), also Recherche online und dann Kauf vor Ort, direkt umsetzen. Nutzen Sie diese SEA-Funktion, um mit Onlineanzeigen Schwung in Ihren Laden vor Ort zu bekommen und somit auch echte Neukunden zu gewinnen.

#3 Anzeigenerweiterungen

Anzeigenerweiterungen sind das i-Tüpfelchen jeder lokalen SEA-Kampagne. Sie machen genau den Unterschied aus, der zum lokal relevanten Klick zu Ihrem Angebot führt. Wenn eine Agentur ihre SEA-Kampagne managt, lassen Sie sich zeigen, dass mindestens der Standort, die Anruffunktion und die erweiterten Zusatzinformationen als Erweiterungen angelegt sind. Sollte das nicht der Fall sein, wechseln Sie die Agentur!

4 Lokale Suchmaschinen-optimierung

Suchmaschinenoptimierung ist die Kunst, in den Google-Suchergebnissen ganz oben mitzuspielen. Dieses Kapitel zeigt Ihnen, was Sie konkret unternehmen können, damit Ihre Kunden Sie bei typischen lokalen Google-Anfragen sofort finden.

Die ersten Plätze auf den Trefferlisten der Suchmaschinen sind hart umkämpft. In Kapitel 3 haben Sie die Möglichkeiten des bezahlten lokalen Suchmaschinenmarketings kennengelernt. Jetzt erfahren Sie, wie Sie durch Suchmaschinenoptimierung (Search Engine Optimization, SEO) erreichen, dass Ihre Website kostenfrei an prominenter Stelle in den Suchtreffern angezeigt wird. Ich konzentriere mich dabei im Wesentlichen auf die Google-Suchmaschine, da sie laut Statista in Deutschland einen Marktanteil von 92 Prozent hat.

Welch enormes Potenzial die Optimierung der organischen, also nicht bezahlten Treffer hat, zeigt eine Studie der US-Unternehmen Jumpshot und SparkToro aus dem Jahr 2018. Sie hat herausgefunden, dass nur etwa jeder zehnte Nutzer in Deutschland nach einer Suchanfrage auf eine bezahlte Anzeige klickt. Dagegen klickt gut ein Drittel der Nutzer mobiler Geräte anschließend auf einen organischen Treffer, bei Desktop-Nutzern sind es sogar fast zwei Drittel.

Etwa 30 Prozent der Desktop- und gut die Hälfte der mobilen Suchanfragen beantwortet Google selbst – durch aggregierte Informationen oder Dienste wie Google Maps, Google My Business, YouTube etc. Ähnlich sieht es bei der Suchmaschine BING aus. Das hat mit der großen Bedeutung der lokalen Suche zu tun, die bei Google bereits ein Drittel aller Suchanfragen ausmacht. Suchmaschinen haben ein starkes Interesse daran, die lokalen Suchanfragen zu beherrschen, nicht nur, um Nutzern eine schnelle Antwort auf ihre Frage bieten zu können, sondern vor allem, um sie auf der eigenen Plattform, also bei Google oder BING, zu halten. Denn je besser die Antworten sind, desto weniger Gründe gibt es, sich von dort wegzubewegen. Darin liegt das primäre Interesse der Suchmaschinen. Ihr Ziel als lokal ansässiges Unternehmen ist es hingegen, möglichst viel kostenfreien Verkehr auf Ihre Website zu lenken. Also, wie bekommen wir das für Sie hin?

4.1 Suchmaschinendienste und organische Treffer

Für die lokale Suchmaschinenoptimierung gibt es zwei Ansatzpunkte. Das sind zum einen die Dienste der Suchmaschinen und zum anderen die organischen Treffer.

Dienste der Suchmaschinen

Zuallererst muss Ihre Website optimal in den Diensten der Suchmaschine platziert werden, die Google oder BING bei einer lokalen Suche als Antwort ausspielen. Das ist bei Google das sogenannte Local Pack, das Knowledge Panel und Google Maps.

Local Pack Damit ist der Informationsblock oben auf der Suchergebnisseite gemeint. Wenn der Nutzer zum Beispiel nach „Zahnarzt Köln" sucht, bekommt er drei Ergebnisse oberhalb der organischen Treffer angeboten und sieht auf einer Karte, wo sie sich befinden.

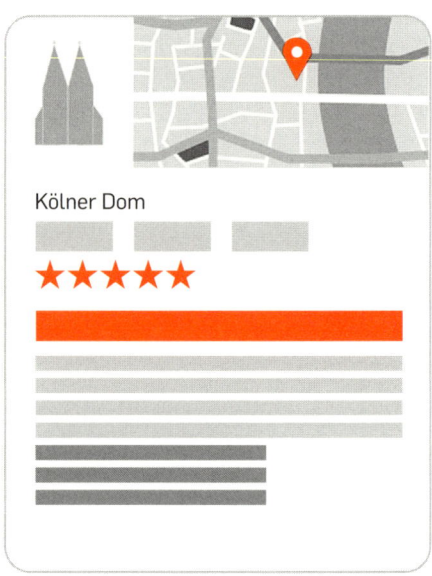

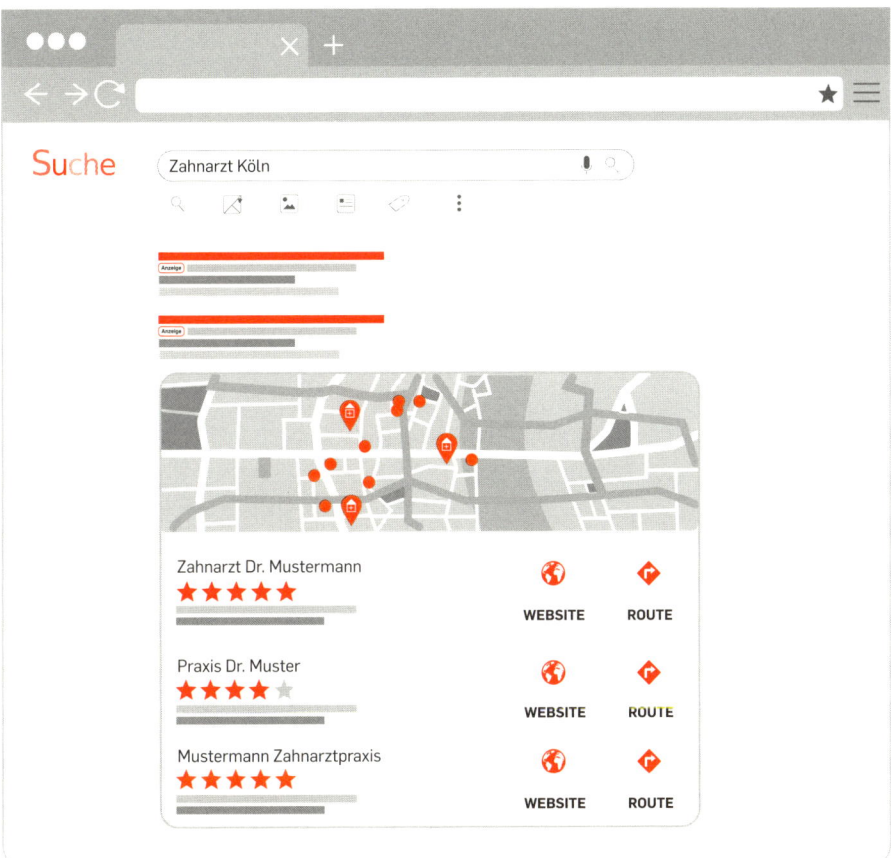

Knowledge Panel Das Knowledge Panel wird von Google manchmal rechts neben der Trefferliste angezeigt, wenn man nach Unternehmen oder Orten wie zum Beispiel „Kölner Dom" sucht. Ob dieser Informationsblock angezeigt wird oder nicht, entscheidet Google. Das Unternehmen selbst gibt an, ausschlaggebende Kriterien seien Relevanz, Entfernung und Bedeutung. Wir müssen also darauf hinwirken, dass wir diese Relevanz für Ihr Unternehmen erreichen (siehe Grafik Seite 110).

Google Maps Bei der Suche nach „Greven Medien" zieht sich Google die Unternehmensinformationen direkt aus dem Netz. Sie können einen solchen Eintrag auch übernehmen und mit Ihrem Google My Business-Profil verknüpfen. Wie das genau funktioniert, beschreibe ich in Kapitel 7.

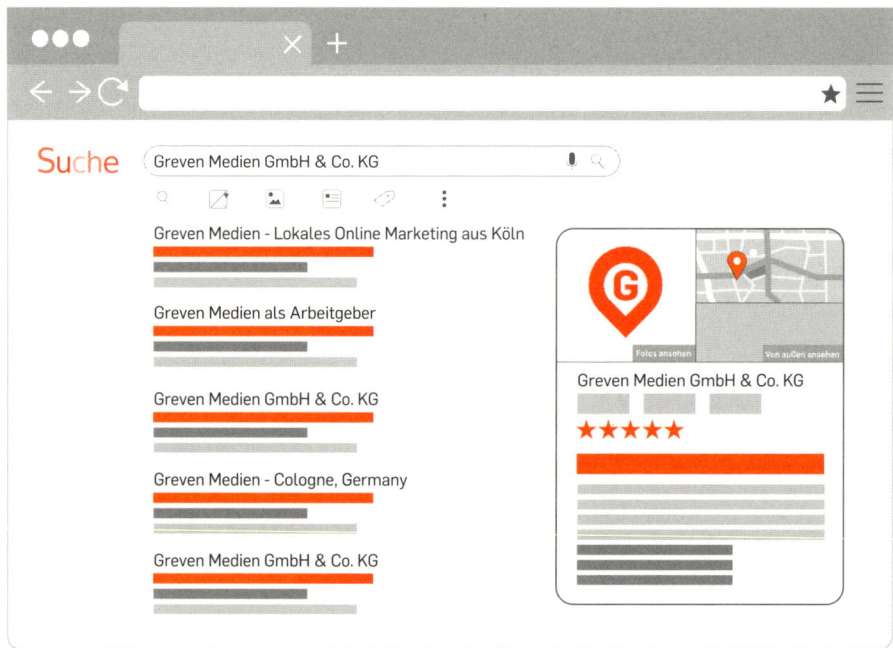

Organische Treffer

Bei Suchen nach Ihrer Branche oder dem entsprechenden Keyword und dem Ort sollte Ihre Website unter den ersten organischen Treffern ausgespielt werden. Denn nach einer Studie von Smartinsights kann die Position eins auf einer Google-Ergebnisseite rund 30 Prozent und Position zwei 15 Prozent des Verkehrs für sich verbuchen.

Um mit Ihrer Website sowohl bei den Diensten von Google als auch bei den organischen Treffern die bestmöglichen Positionen zu erzielen, müssen wir uns mit den Rankingfaktoren beschäftigen. Unter den mehr als 200 Ranking-faktoren, die Google einsetzt, sind einige, die für die lokale Auffindbarkeit entscheidend sind. Der US-Onlinedienstleister MOZ hat in einer spannenden Langzeitstudie herausgefunden, welche das sind (siehe Seite 114).

Wie man anhand dieser Diagramme gut erkennen kann, sind für Google die Rankingfaktoren für die eigenen Dienste wie auch für die organischen Treffer nahezu identisch – nur in der Priorisierung unterschiedlich.

Rankingfaktoren bei Diensten von Google	Rankingfaktoren bei organischen Treffern
1. Eintrag bei Google My Business	1. Links (von anderen zu Ihrer Website)
2. Links (von anderen zu Ihrer Website)	2. On-Page-Signale (geben an, zu welchem Thema Ihre Website relevant ist)
3. Bewertungen	3. Nutzersignale (z. B. zur Aufenthaltsdauer von Nutzern auf Ihrer Website)
4. On-Page-Signale (geben an, zu welchem Thema Ihre Website relevant ist)	4. Eintrag bei Google My Business
5. Verzeichniseinträge (Angaben zu Namen, Adresse etc. müssen einheitlich sind)	5. Verzeichniseinträge (Angaben zu Namen, Adresse etc. müssen einheitlich sein)
6. Nutzersignale (z. B. zur Aufenthaltsdauer von Nutzern auf Ihrer Website)	6. Personalisierung (Suchergebnisse unter-scheiden sich je nach Endgerät)
7. Personalisierung (Suchergebnisse unter-scheiden sich je nach Endgerät)	7. Bewertungen
8. Soziale Signale (Verbindungen zu sozialen Netzwerken)	8. Soziale Signale (Verbindungen zu sozialen Netzwerken)

Rankingfaktoren bei Diensten von Google

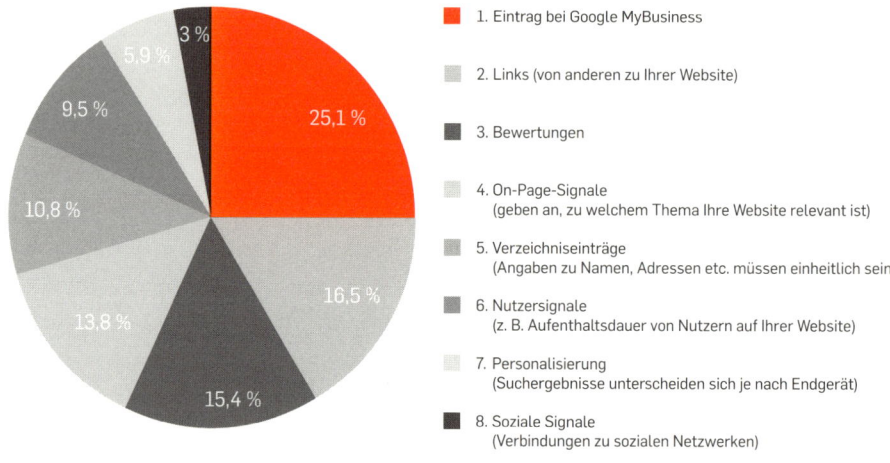

■ 1. Eintrag bei Google MyBusiness

▨ 2. Links (von anderen zu Ihrer Website)

■ 3. Bewertungen

▨ 4. On-Page-Signale
(geben an, zu welchem Thema Ihre Website relevant ist)

▨ 5. Verzeichniseinträge
(Angaben zu Namen, Adressen etc. müssen einheitlich sein)

■ 6. Nutzersignale
(z. B. Aufenthaltsdauer von Nutzern auf Ihrer Website)

▨ 7. Personalisierung
(Suchergebnisse unterscheiden sich je nach Endgerät)

■ 8. Soziale Signale
(Verbindungen zu sozialen Netzwerken)

Rankingfaktoren bei organischen Treffern

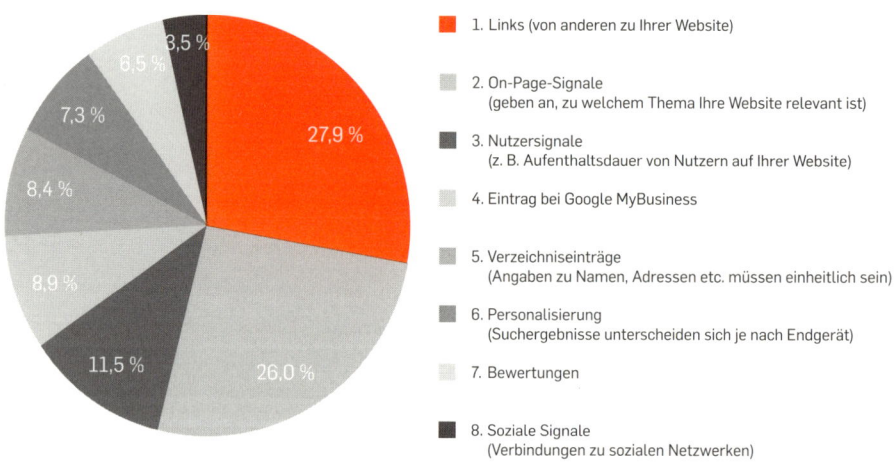

■ 1. Links (von anderen zu Ihrer Website)

▨ 2. On-Page-Signale
(geben an, zu welchem Thema Ihre Website relevant ist)

■ 3. Nutzersignale
(z. B. Aufenthaltsdauer von Nutzern auf Ihrer Website)

▨ 4. Eintrag bei Google MyBusiness

▨ 5. Verzeichniseinträge
(Angaben zu Namen, Adressen etc. müssen einheitlich sein)

■ 6. Personalisierung
(Suchergebnisse unterscheiden sich je nach Endgerät)

▨ 7. Bewertungen

■ 8. Soziale Signale
(Verbindungen zu sozialen Netzwerken)

Um die ausschlaggebenden Faktoren für das lokale Ranking in den Griff zu bekommen, sehen wir sie uns nun im Detail an – in der Reihenfolge, die für die Position Ihrer Website in den organischen Treffern entscheidend ist.

Links

Suchmaschinen wie Google, BING & Co. beurteilen die Relevanz von Websites im Wesentlichen auf der Basis von Links. Speziell für die lokale Suche sind Links unentbehrlich für die besten Positionen auf der Ergebnisliste. Es kommt darauf an, möglichst viele, hochwertige Links von unterschiedlichen Seiten – im besten Fall auch aus dem lokalen Umfeld – einzusammeln, die auf Ihre Website führen. Denn Links sind im Grunde nichts anderes als eine Weiterempfehlung, die man sich nicht kauft, sondern verdient.

Wie bekommen Sie Links von relevanten Seiten? Die Antwort ist ganz einfach: Überlegen Sie, wen Sie in ihrem lokalen Umfeld ansprechen können, und holen Sie sich einen Link. Haben Ihre Linkpartner ebenfalls ein lokales oder regionales Suchmaschinengewicht, sind sie besonders wertvoll. Damit Sie sich besser vorstellen können, was ich damit meine, hier einige Beispiele:

- Fragen Sie Ihre Lieferanten, ob Sie aufgrund ihrer langjährigen Geschäftsbeziehung einen Link von deren Website bekommen. Sie haben sicherlich auch extrem zufriedene Kunden, die immer wieder den Weg zu Ihnen finden. Auch die können Sie um einen Link von deren Website bitten. Nehmen Sie sich doch ab sofort vor, pro Monat einen Kunden und einen Lieferanten zu fragen. Sie müssen nur den ersten Schritt machen und es konkret ansprechen!
- In Ihrer Umgebung gibt es ein regionales Magazin, das regelmäßig erscheint und gerne gelesen wird? Dieses Magazin hat auch eine Website? Perfekt, da müssen Sie rein. Mit einem kleinen Firmenporträt, das sowohl in der Printausgabe als auch online erscheint. Für die lokale Suchmaschinenoptimierung ist wichtig, dass am Ende des Beitrags in der Onlineausgabe ein oder zwei Links auf Ihre Website auftauchen. Ein lokaler Meinungsmacher kann

auch ein Sportverein sein, dem Sie vielleicht ohnehin schon einmal neue Trikots oder Sporttaschen gesponsert haben. Lassen Sie sich von der Website des Vereins einen Link geben, der auf Ihr Unternehmen verweist.

- Sie sind Mitglied bei der IHK oder in einem Berufs- oder Branchenverband? Machen Sie sich eine Liste der Organisationen, bei denen Sie Mitglied sind, und nehmen Sie Kontakt zum jeweiligen Ansprechpartner auf. Bitten Sie um einen Link von der Website des Verbands (zum Beispiel von der Seite, auf der die Mitglieder aufgeführt sind). Sie können auch anbieten, einen kurzen Bericht zu einem Thema zu schreiben, für das Sie Experte sind. In Kapitel 8 erfahren Sie, wie sie spannende Texte für sich und Ihr Unternehmen erstellen können!

Ist Link gleich Link? Nein, Link ist nicht gleich Link. Warum? Zunächst sollten Sie darauf achten, dass Sie von Ihrem Linkpartner, den Sie lokal gewonnen haben, einen Link bekommen, der von Suchmaschinen auch als „zu verfolgender Link" (Follow Link) gewertet wird. Er entspricht sozusagen einer Empfehlung, die man einem guten Freund gibt. Im Gegensatz dazu ist ein sogenannter Nofollow Link wesentlich schwächer – vergleichbar mit einem allgemeinen Hinweis – und Sie profitieren dementsprechend weniger vom Ansehen Ihres Linkpartners. Achten Sie also bitte darauf und sprechen Sie es auch genauso an – Sie möchten einen Follow Link haben.

Hier ein Beispiel für einen Follow Link:

```
<a href=„https://www.huenemohr.de/lokale-suche-1/„>Tipps und
Tricks für lokales SEO bei Google</a>
```

Und hier ein Beispiel für einen Nofollow Link:

```
<a href=„https://www.huenemohr.de/lokale-suche-1/" rel=„nofol-
low" >Tipps und Tricks für lokales SEO bei Google</a>
```

Ein nur kleiner Unterschied – allerdings mit massiven Folgen für Ihren frisch gewonnenen Link zu Ihrer Website.

Tipp: Wie finden Sie heraus, ob es sich um einen Follow oder Nofollow Link handelt? Nutzen Sie dazu ganz einfach Ihren Browser. Bei Google

Chrome bewegen Sie den Cursor einfach über den Link, den Sie untersuchen wollen, und drücken die rechte Maustaste. In dem Menü, das sich
dann öffnet, wählen Sie „Untersuchen". Nicht erschrecken – im rechten
Fenster öffnet sich eine Ansicht mit dem Quellcode der Internetseite.
Wenn der von Ihnen markierte Link das Attribut rel="nofollow" enthält,
handelt es sich um einen Nofollow Link. Ansonsten ist es ein Follow Link.

Als nächstes sollten Sie darauf achten, dass der Link-Text (auch Ankertext
genannt), der auf Ihre Website verweist, auch etwas über Ihr Geschäft oder
Ihre Dienstleistung aussagt. Leider lautet der Text, der am meisten verlinkt
wird: „Hier klicken", „Hier" oder „Link". Wenn es sich um einen Follow Link
handelt, ist das nicht schlecht, weitaus besser ist es aber, wenn der Link-Text
auch die wichtigsten Keywords nennt, unter denen Sie gefunden werden wollen. Wenn Sie zum Beispiel einen Fliesenfachbetrieb haben, sollte Ihr Link-
Text die Keywords „Bodenfliesen, Badfliesen oder Fliesenverlegung + Orts-
angabe" enthalten. Wenn Sie aber unter Fliesen Huber GmbH firmieren, dann
bekommen Sie meistens nur einen Link unter „Fliesen Huber" angelegt. Besser
wäre als Link-Text: „Top Fliesenverlegung in Köln-Rodenkirchen" nach dem
Schema Keyword plus Ort. Google bringt es in seinem Forum für Webmaster
mit folgender Formulierung auf den Punkt: „Der Ankertext für einen Link
sollte mindestens eine grundlegende Vorstellung vom Inhalt der verlinken
Seite vermitteln."

Abschließend noch ein dringender Hinweis: Vermeiden Sie es auf jeden
Fall, Links zu kaufen! Webmaster oder auch Agenturen bieten diese Dienstleistung noch immer gerne an, um Ihrer Seite mehr Power zu geben. Ich rate
Ihnen davon dringend ab. Warum? Google erkennt die sogenannten Linknetz-
werke mittlerweile sehr gut. Sie dienen ausschließlich dem Verkauf von Links.
Wenn die Suchmaschine erkennt, dass Ihre Website einen Link aus einem solchen Netzwerk ergattert hat, wird Ihre Website nachträglich abgestraft, und
das bedeutet für Sie einen Rankingverlust. Die ganze Arbeit für einen seriösen
Linkaufbau kann damit zunichte sein.

On-Page-Signale

Unter On-Page-Signalen versteht man Maßnahmen, die direkt auf Ihrer Website, also „on page", umgesetzt werden müssen, um möglichst hohe Positionen zu erzielen. Das Gute daran ist, dass Sie diese Maßnahmen vollkommen selbst in der Hand haben. Ich habe Ihnen die wichtigsten Tipps und Tricks für Ihre perfekte Website im 1. Kapitel (ab Seite 16) vorgestellt. Lesen Sie sich diese genau durch – sie sind das Fundament für Ihre lokale On-Page-Optimierung.

Nutzersignale

Eine immer größere Bedeutung zur Beurteilung Ihrer Website durch Suchmaschinen haben die sogenannten Nutzersignale. Google und BING verstehen darunter Hinweise, die Besucher auf Ihrer Website hinterlassen und die den Suchmaschinen Informationen über die Relevanz Ihrer Website liefern. Durch diese Nutzersignale sollen Rankings, die durch unsaubere Suchmaschinenoptimierung (wie zum Beispiel gekaufte Links) erzielt worden sind, zurückgedrängt werden. Die Suchmaschinen messen deshalb die Aufenthaltsdauer, die Absprungrate, die Klickrate und die Markensuche von „echten Nutzern" auf Ihrer Website. Für Suchmaschinen gibt es kein zuverlässigeres Signal für eine relevante Website als echte Nutzer, die sich gut aufgehoben fühlen und dort viel Zeit verbringen. Oder die das Gegenteil beweisen, indem sie schnell weitersurfen.

Jetzt werden Sie sich fragen, wie Google überhaupt herausbekommen kann, wie sich ein Nutzer auf Ihrer Website verhält. Er kommt zwar von einer Suchmaschine, aber danach ist er ja auf Ihrer Firmenseite unterwegs, und das kann eine Suchmaschine doch nicht erkennen? Und doch ist dies möglich, vor allem über den Browser. Im Fall von Google ist das der Chrome-Browser, der in Deutschland einen Marktanteil von 45 Prozent hat. Damit kann Google jeden Nutzer, der über Ihre Website surft, exakt verfolgen und genau messen, wie lange er sich auf einer Seite aufhält, wie viele Seiten er sich ansieht, ja sogar, wie schnell er auf einer Seite scrollt, um an die gewünschte Position zu kommen. Zusätzlich kann Google, wenn Sie zum Beispiel Google Analytics zur

Analyse Ihrer Website einsetzen, auch direkt auf diese Daten zugreifen. Letzteres geschieht sogar unabhängig vom verwendeten Browser.

Im Ergebnis heißt das, dass Suchmaschinen ziemlich genau wissen, wie sich ein Nutzer auf Ihrer Website verhält. Für Google ist somit logisch, dass intensive Nutzersignale wie die Dauer eines Besuchs auf Ihrer Seite, wiederkehrende Besuche, viele Seitenaufrufe oder auch eine intensive Suche nach Ihrem Firmen- oder Markennamen ein klares Zeichen für zufriedene Nutzer ist und Ihre Seite somit eine bessere Position verdient hat. Schauen wir uns die vier Faktoren etwas genauer an:

Klickrate Dabei messen Suchmaschinen, wie oft Ergebnisse Ihrer Website auf Trefferlisten angezeigt werden und wie oft Nutzer daraufhin Ihre Website angeklickt haben. Die Klickrate wird auch „Click-through-Rate" (CTR) genannt. Je öfter Nutzer Ihre Website anklicken, anstatt die der lokalen Wettbewerber anzusteuern, desto höher ist Ihre CTR, und die Suchmaschinen werden Sie besser beurteilen und Sie mit höheren Positionen belohnen. Das Prinzip ist simpel: Nutzerzufriedenheit = höhere CTR = bessere Rankings = mehr Traffic = mehr Kontakte/Umsatz/Erfolg.

Die Frage ist also, wie Sie die CTR positiv beeinflussen können. Ganz einfach: Sie müssen all die Mechanismen anwenden, die dem Nutzer schon auf der Trefferliste den Eindruck vermitteln, dass Ihre Website die beste Antwort auf seine Frage liefert.

Dazu gehören in erster Linie aussagekräftige Meta Descriptions, anhand derer der Nutzer bereits auf der Suchmaschinenseite erkennen kann, was ihn auf Ihrer Seite erwartet (siehe Seite 23). Was die Klickrate ebenfalls positiv beeinflusst, sind strukturierte Daten (siehe Seite 31), die es Suchmaschinen erleichtern, Angaben zu Ihrer Adresse, den Öffnungszeiten, aber auch Zahlungsinformationen oder Bewertungen aus Ihrer Website auszulesen. Diese Informationen werden in den Trefferlisten deutlich prominenter dargestellt – teilweise mit Bewertungssternen –, was Nutzer dazu anregt, Ihre Website zu besuchen anstatt die des Wettbewerbers.

Aufenthaltsdauer Eine lange Verweildauer signalisiert Suchmaschinen, dass der Nutzer mit dem Ziel seiner Suche zufrieden ist. Als Faustregel kann gelten: Ein guter Inhalt bindet Nutzer auf Ihrer Website und verlängert den Aufenthalt. Es geht nicht darum, lange Texte anzubieten, nach dem Motto „viel hilft viel", sondern darum, mögliche Fragen des Nutzers vorherzusehen und bestmöglich zu beantworten. Das gelingt mit klaren, präzisen Texten, Bildern (Fotogalerien) oder Videos (das kann zum Beispiel ein Interview mit Ihnen als Inhaber Ihres Unternehmens sein).

Neben Inhalten können aber auch gute Funktionen den Nutzer auf einer Seite halten. Als Dachdecker können Sie zum Beispiel einen kleinen Rechner anbieten, der anhand der Dachfläche die Anzahl möglicher Solarpaneele berechnet und die Rückvergütung durch Stromeinspeisung den Investitionskosten gegenüberstellt. Schon haben Sie die Verweildauer der Besucher Ihrer Seite erhöht. Besser noch: Wenn Nutzer mit diesen kleinen Helfern zufrieden sind, empfehlen sie solche gerne weiter, und im besten Fall wird auf Ihre Seite verlinkt! Es muss aber nicht unbedingt eine komplexe Lösung sein, auch eine sehr gute Suchfunktion auf Ihrer Website, die schnelle Ergebnisse liefert, hält Nutzer auf Ihrer Seite.

Absprungrate Diese Rate ist für Suchmaschinen das genaue Gegenteil der Verweildauer. Wenn 100 Nutzer Ihre Website besuchen, ohne eine einzige Aktion auszuführen (eine Seite weiterklicken, ein Video ansehen, die Suchfunktion der Website nutzen etc.), und sehr schnell wieder verschwinden, dann haben Sie eine Absprungrate von 100 Prozent. Je höher diese Rate ist, desto schneller verliert die Suchmaschine ihr Interesse daran, Ihre Website weiterhin prominent zu präsentieren. Eine Absprungrate von über 60 Prozent macht keinen guten Eindruck.

Wenn Sie die oben genannten Vorschläge zur Aufenthaltsdauer umgesetzt haben, sollte Ihre Absprungrate automatisch gut sein. Weitere mögliche Maßnahmen sind Links zum Weiterklicken auf weitere Angebote Ihrer Seite, eine gute Navigation, die erkennen lässt, dass Ihr Internetauftritt wertvolle Inhalte bietet, und eine schnelle Ladezeit, die verhindert, dass Nutzer abwandern, weil sich die Seite nur langsam aufbaut. Messwerkzeuge wie Google Analytics weisen Ihnen die Absprungrate von Ihrer Website aus.

Markensuche Suchmaschinen lieben Marken, weil sie Vertrauen vermitteln und für Qualität, Langlebigkeit, Unterscheidungskraft und Authentizität stehen. Für den Nutzer sind das wichtige Kriterien, die es ihm leichter machen, mit den Produkten einer Marke zufriedener zu sein als mit denen einer „Nicht-Marke". Das bedeutet für unsere Top-Platzierung in den lokalen Treffern bei Suchmaschinen, dass Sie als Unternehmer und Ihr Unternehmen als Marke in der Region verankert sein sollten.

Dafür ist es hilfreich, wenn Sie als Experte für Ihr Thema anerkannt sind. Je häufiger Sie mit Ihrem Unternehmen in Ihrer Region mit Ihrem Kernthema auftauchen, desto näher kommen Sie diesem Ziel. Dazu benötigen Sie vor allem themenrelevante Verlinkungen aus Magazinen (Print & Online), Gastbeiträge von Ihnen oder aus Ihrem Unternehmen auf lokal relevanten Seiten (das kann auch eine Vereinsseite sein, auf der Sie als neues Mitglied vorgestellt werden), ein Experten-Blog (auf dem Sie zum Beispiel als Garten-/Landschaftsbauer Tipps und Tricks rund um den Garten präsentieren) und eine aktive Social-Media-Nutzung. Weitere Hinweise dazu finden Sie in den Kapiteln 8 und 11. Wenn Sie all diese Maßnahmen mit viel Ausdauer und einem klaren Fokus auf Ihr Thema betreiben, dann werden die Suchmaschinen Sie mit besseren Positionen belohnen.

Eintrag bei Google My Business

Die Präsenz Ihres Unternehmens bei Google My Business ist einer der wichtigsten Rankingfaktoren für die lokale Suche, denn Sie steuern damit die Präsenz Ihrer Website in den Diensten von Google (Local Pack und Google Maps). Wie ein optimaler Google My Business-Eintrag aussieht, zeige ich Ihnen in Kapitel 7 ausführlich.

Verzeichniseinträge für einheitliche Datenkonsistenz

Sowohl für die Dienste von Google als auch für die organischen Positionen Ihrer Website spielen Verzeichniseinträge (Citations) eine erhebliche Rolle. Eine Umfrage des US-Onlinedienstleisters BrightLocal unter 22 SEO-Experten hat ergeben, dass 90 Prozent der Ansicht sind, dass Citations einen extrem großen Einfluss auf die lokalen Rankings von Websites haben.

Mit Citations (wörtlich: Erwähnungen, Zitate) bezeichnen Suchmaschinen die einheitliche Nennung von „N"ame (Name, Firmierung), „A"dresse (Straße, Hausnummer, PLZ und Ort) und „P"hone (Telefon, Fax, E-Mail und URL), abgekürzt NAP. Einfach gesagt, geht es darum, möglichst viele und qualitativ hochwertige Citations aus Verzeichnissen und Onlinesuchmaschinen (wie zum Beispiel auskunft.de) zu erhalten, die exakt dieselben NAP-Daten an die Suchmaschinen liefern. Außerdem sollten die Angaben vollständig mit Ihrem Impressum übereinstimmen.

Je einheitlicher die Daten sind, desto mehr Vertrauen schenken Ihnen die Suchmaschinen und ranken Ihre Website bei relevanten Suchanfragen besser. Wenn Sie wissen möchten, ob Ihre Website bereits übereinstimmende NAP-Signale an Suchmaschinen sendet, dann testen Sie es doch einfach mal [▦].

Weitere Tipps und Tricks zu Citations finden Sie in Kapitel 7.

Die signalgebenden Verzeichnisse können in drei Kategorien eingeteilt werden:

Online-Citations mit Link auf Ihre Website Diese Verzeichnisse geben nicht nur Ihren Namen/Adresse/Phone einheitlich an, sondern enthalten auch einen Link zu Ihrer Website. Und schon haben Sie einen weiteren wertvollen Link für Ihre Website eingesammelt. Aber nicht vergessen: Erkundigen Sie sich vorab, ob das Verzeichnis einen Follow oder einen Nofollow Link liefert.

Online Citations ohne Link Diese Variante wirkt zwar schwächer, weil Sie keinen Link für Ihre Seite bekommen, dennoch kann die Suchmaschine erkennen, dass ein Verzeichnis Ihre Website aufführt.

Rich Citations Besonders vorteilhaft sind Verzeichnisse, die nicht nur die NAP-Daten liefern, sondern auch noch weitere Informationen wie Öffnungszeiten, Produkt- und Serviceangebote oder Bilder. Diese sogenannten Rich Citations sind besonders wertvoll.

Personalisierung

Suchmaschinen sind stets bemüht, dem Nutzer das beste Ergebnis zu liefern. Sie berücksichtigen deshalb, in welcher Situation er sich gerade befindet und welches Endgerät er nutzt. Die Information, die der Suchende erhält, wird darauf abgestimmt, also personalisiert. Sie können das selbst testen, indem Sie als Suchanfrage zum Beispiel „Sushi essen gehen" einmal auf dem Desktop-Computer eingeben und einmal auf Ihrem Smartphone. Sie werden zwei unterschiedliche Trefferlisten erhalten. Bei der mobilen Suche geht die Suchmaschine davon aus, dass der Nutzer sich direkt auf den Weg zum nächstgelegenen Sushi-Restaurant machen möchte, und gewichtet den geografisch nächstgelegenen Treffer höher. Bei der Suche auf einem Desktop-Computer kann wiederum der Treffer höher gewichtet werden, der mehr Detailinformationen aus dem Google My Business-Eintrag eines Sushi-Restaurants liefert, zum Beispiel, dass es auch einen Lieferservice anbietet. Personalisierungen führen also bei der gleichen Suche zu unterschiedlichen Ergebnissen! Mit einem top gepflegten My Business-Eintrag und sauberen Citations kann es Ihnen gelingen, Kunden aus der direkten Umgebung in Ihr stationäres Ladenlokal zu locken.

Bewertungen

Bewertungen stellen – ähnlich wie Links – eine Empfehlung für Ihre Website dar. Die mündliche Empfehlung im analogen Zeitalter hat sich auf die

Onlinebewertung ausgedehnt. Im Kapitel 6 gehe ich ausführlich auf Bewertungen ein. Fakt ist: Sie spielen für die lokale Suchmaschinenoptimierung eine wichtige Rolle.

Social Signals

Nach Angaben von Google sind Signale aus Social-Media-Kanälen (Social Signals) kein direkter Rankingfaktor. Der von Moz gemessene Relevanzfaktor liegt sowohl für die Dienste von Google als auch für die organischen Treffer bei unter fünf Prozent. Allerdings bewirken Social Signals dennoch eindeutig eine bessere Auffindbarkeit Ihrer Website, Ihrer Dienstleistungen und Produkte. In Kapitel 8 beschreibe ich ausführlich, wie Sie mit pfiffigen Inhalten, die Sie zum Beispiel über Facebook, Instagram oder YouTube bereitstellen, Links und Likes generieren. Es gibt gute Gründe, Social Media in Ihre Strategie der lokalen Suchmaschinenoptimierung einzubeziehen und aktiv zu werden:

Linkaufbau Interessante Inhalte aus Social-Media-Kanälen werden nicht nur auf diesen Plattformen geteilt, sondern oft in Form von Links auch auf anderen Seiten eingebunden. Sie gewinnen dadurch weitere hoch relevante lokale Links auf Ihre Website.

Suchmaschinen zeigen Social-Media-Profile an Wenn Sie zum Beispiel mich bei Google suchen, werden Sie in der Ergebnisliste auch Treffer zu meinem XING-, LinkedIn-, Twitter- und Facebook-Profil finden. Mein erklärtes Ziel ist es, zu meinen Keywords oder auch der Markensuche „Patrick Hünemohr" nur Treffer zu erzeugen, die auch auf mich verweisen – egal von welcher Plattform. Damit gehört meiner Marke die erste Seite bei Google. Dieses Vorgehen macht es Ihnen deutlich leichter, sich von Ihrer Konkurrenz abzuheben.

Social-Media-Plattformen sind auch Suchmaschinen Selbstverständlich orientieren wir uns bei der lokalen Suchmaschinenoptimierung an großen Anbie-

tern wie Google, BING oder Yahoo. Aber auch Facebook, YouTube oder
LinkedIn sind mittlerweile veritable Suchnetzwerke. So entwickelt sich die
Suche bei Facebook rasant weiter und bildet speziell die lokale Anbietersuche
immer besser ab. Unternehmen können auf der Plattform auch eigene Firmen-
profilseiten erstellen. Diese Funktionen hat Facebook vermutlich eingeführt,
weil lokale Inhalte sehr stark nachgefragt sind.

Google und Twitter machen gemeinsame Sache Google hat zwar keinen
Zugriff auf die Inhalte von Facebook, der größten Social-Media-Plattform
weltweit, das Unternehmen arbeitet aber zum Beispiel mit Twitter zusammen, um die Suchmaschinenergebnisse noch aktueller und damit attraktiver
zu machen. Aus diesem Grund ist es sinnvoll, auch Twitter als Social-Media-
Kanal zu bespielen.

Social Media zur Markenbildung nutzen Dass Google bei der Suche Marken
bevorzugt und das Ganze auch ein Rankingfaktor im Rahmen der Nutzersignale ist, haben wir bereits kennengelernt. Wenn das so ist, warum dann nicht
Social Media für den Aufbau Ihrer Markenbekanntheit nutzen? Damit meine
ich nicht, dass Sie eine Marke wie Nivea, Starbucks oder Rolex aufbauen sollen,
sondern dass Sie sich als Experte positionieren. Angenommen Sie sind Spezia-
list für Sushi, haben dazu Lehrgänge in Japan gemacht, verwenden nur beste
Zutaten und haben ganz besondere Tipps für die Zubereitung – dann zeigen Sie
das in einem Video. Mit Ihrem Wissen und Ihrer freundlichen offenen Art
bespielen Sie nun YouTube und eine eigene Facebook-Fan-Page. Mit jedem
Like, jeder Weiterempfehlung und jeder lokalen Verlinkung bauen Sie „Ihre"
Marke auf. Jede Suche bei Facebook oder bei YouTube steigert Ihre Bekanntheit und sorgt dafür, dass Suchmaschinen und Websites auf Sie aufmerksam
werden.

Quickstarter – schneller auf die erste Seite kommen

#1 Links, Links und nochmal Links

Suchmaschinen wie Google, BING und Co. leiten die Relevanz Ihrer Website maßgeblich davon ab, wie viele hochwertige Links auf Ihre Seite verweisen. Gehen Sie deshalb systematisch auf Linkjagd, und setzen Sie sich zum Ziel, jeden Monat einen Follow Link von einem Lieferanten, Kunden oder Partner zu bekommen.

#2 Nutzersignale – die Währung von morgen

Nutzersignale sind bereits heute sehr wichtig, in Zukunft werden sie jedoch neben künstlicher Intelligenz und Machine Learning (siehe Kapitel 13) die entscheidende Größe für die lokale Suchmaschinenoptimierung sein. Verschaffen Sie sich zunächst einen Überblick über Klickrate, Aufenthaltsdauer, Absprungrate und Markensuche Ihrer Website und ergreifen Sie dann die in diesem Kapitel aufgeführten Maßnahmen zur Verbesserung.

#3 NAP – gleiche Signale von vielen Seiten

Suchmaschinen lieben Eindeutigkeit und Wiedererkennung – es sind schließlich Maschinen, und die mögen nun mal klare Strukturen. Geben Sie den Maschinen eindeutige Signale. Für die lokale Suchmaschinenoptimierung sind der Name, die Adresse und die Telefonnummer (NAP-Daten) zentral. Im QR-Code zu diesem Kapitel finden Sie diverse Tools und Tipps, wie Sie Ihre Website daraufhin testen und was Sie verbessern können. Probieren Sie's doch am besten direkt mal aus!

5 Sprachsuche

Der Trend geht zur Sprachsteuerung.
Sie hat auch das Suchverhalten der
Internetnutzer umgekrempelt. Besonders
Nutzer, die mit mobilen Geräten unterwegs
sind, tippen nichts mehr ein, sondern
sagen: „Hey Google ...“ oder „Hallo
Alexa ...“. Hier erfahren Sie, wie Sie sich für
die Sprachsuche wappnen.

Sprachsuche (Voice Search) wird gerne als das nächste große Ding im lokalen Onlinemarketing bezeichnet. Warum? Ganz einfach: Weil der Anteil der Suchanfragen, die über Sprachassistenzsysteme erfolgen, beachtlich ist. Google gab bereits 2016 an, Sprache werde für 20 Prozent der Suchen in den Apps des Unternehmens (Google Maps, Search, YouTube usw.) genutzt. Die US-Marktforschungsfirma ComScore prophezeit, 2020 werde die Hälfte aller Suchanfragen über Sprache gestellt. Auf der anderen Seite hat das Berliner Unternehmen uberall herausgefunden, dass 96 Prozent der Firmenstandorte nicht über Sprachsuche gefunden werden können, weil schlicht und ergreifend keine lokalen Verzeichniseinträge dafür vorhanden sind!

Aber wie funktioniert Sprachsuche überhaupt? Sprache wird eingesetzt, um Suchanfragen per digitalem Assistenten auf dem Smartphone (unterwegs) oder per Smart Speaker (zu Hause) zu stellen. Auch die Suchergebnisse werden in gesprochener Form ausgegeben. Dabei greift das (mobile oder stationäre) Assistenzsystem auf die entsprechenden Ergebnisse der großen Suchmaschinen zurück.

In den vergangenen Jahren haben immer mehr Firmen diese Systeme auf den Markt gebracht, denn sie erfreuen sich wachsender Beliebtheit bei den Nutzern. Die gängigsten Anbieter sind Google (Google Assistant/Google Now), Apple (Siri), Microsoft (Cortana) und Amazon (Alexa). Laut einer Erhebung des Bundesverbands Digitale Wirtschaft im Jahr 2017 haben 56 Prozent der Befragten schon einmal digitale Sprachassistenten genutzt, weitere 19 Prozent können sich vorstellen, das in Zukunft zu tun.

Auch im lokalen Umfeld wird sich die Sprachsuche immer stärker durchsetzen. Sie kann zum Beispiel so aussehen: „O.k., Google: Wo ist das nächste Sushi-Restaurant?"; „Alexa: Bis wann hat das Postamt geöffnet?"; „Hey Cortana: Welcher Anwalt hat die besten Bewertungen, wenn es um eine Abmahnung geht?" oder „Hey Siri: Welche Autowerkstatt hat jetzt noch geöffnet?".

Das Charmante für die Nutzer – also Ihre Kunden – ist, dass Sprache die Suche über Suchmaschinen erleichtert. Sie müssen nicht auf kleinen unhandlichen Tastaturen tippen, sondern es reicht ein gesprochenes „O.k., Google" oder „Hey, Siri", um die Sprachsuche zu starten. Die Benutzerfreundlichkeit ist also deutlich besser.

Voice Search hat das Zeug dazu, unser Suchverhalten in Zukunft nachhaltig zu verändern. Sollte es so kommen, bringt dies zwangsläufig auch Anpassungen rund um Ihr lokal digitales Marketing mit sich, vor allem was die Suchmaschinenoptimierung für Sprache betrifft (siehe Seite 108).

Obwohl Sprachassistenzsysteme noch relativ neu sind, ist bereits jetzt ein verändertes Nutzerverhalten erkennbar. Während es vor wenigen Jahren noch undenkbar war, diese Systeme in der Öffentlichkeit zu nutzen, ist es mittlerweile nicht mehr ungewöhnlich, wenn sich jemand in Bus, Bahn oder Restaurant mit Siri, Cortana oder Alexa unterhält. Bislang werden die Systeme jedoch noch überwiegend zu Hause oder im Büro genutzt. Das US-Unternehmen Stone Temple Consulting hat eine Umfrage veröffentlicht, in welchen Situationen Nutzer in den USA die Sprachsuche überwiegend verwenden:

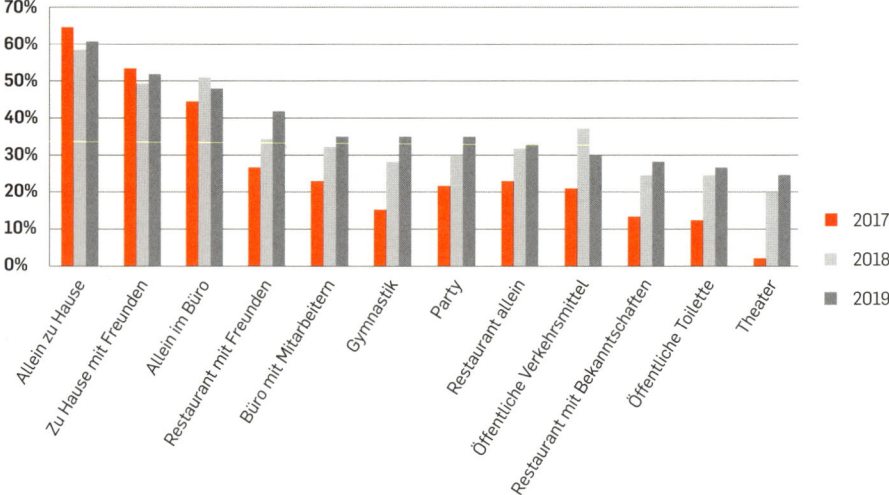

Der US-Onlinedienstleister BrightLocal hat 2018 erhoben, in welchen Bereichen Nutzer sich vorstellen können, die Sprachsuche zu verwenden. Hier finden Sie mit Sicherheit auch Ihre Branche.

In Deutschland ist das Potenzial von Sprachsuche für die einzelnen Branchen noch nicht untersucht worden. Die bereits zitierte Erhebung des Bundesverbands Digitale Wirtschaft aus dem Jahr 2017 hat jedoch gezeigt, dass zwölf Prozent der Befragten Sprachassistenten nutzen, um online einzukaufen und elf Prozent, um Essen zu bestellen.

5.1 Unterschiede zwischen Sprachsuche und Textsuche

Der wohl größte Unterschied zwischen Sprach- und Textsuche ist, dass Menschen anders sprechen als sie schreiben. Bei einer Textsuche am Desktop-PC würde man zum Beispiel eintippen: „Pizzeria Köln Rodenkirchen". Die Anfrage via Sprachassistent würde hingegen eher lauten: „Wo finde ich die nächste Pizzeria mit den besten Empfehlungen?"

Textbasierte Fragen beschränken sich in der Regel auf drei bis fünf Keywords, die wir einfach hintereinander in den Suchschlitz einer Suchmaschine eingeben. Bei der Sprachsuche verwenden wir ganze Sätze in Form von Fragen. Sie bestehen nicht nur aus Schlüsselbegriffen, sondern enthalten Elemente wie „mit den besten Empfehlungen", „in der Nähe" oder „jetzt noch geöffnet".

Noch häufiger als ohnehin schon müssen Sie davon ausgehen, dass Ihr Kunde sich in der Nähe Ihres Geschäfts befindet und eine schnelle Antwort auf seine Frage benötigt. Darüber hinaus sollten Sie berücksichtigen, dass sich sogar ein ganzer Dialog um die lokale Suche entwickeln kann. So fragt ein Nutzer zum Beispiel: „Wo ist der nächste Zahnarzt?" Das Assistenzsystem beantwortet die Frage. „Hat der Zahnarzt jetzt noch geöffnet?" Das Assistenzsystem beantwortet die Frage. „O.k., bitte ruf den Zahnarzt jetzt für mich an." Daraufhin wählt das Assistenzsystem die Nummer des Zahnarztes, der all diese Informationen anbieten konnte, und der hat einen neuen Patienten gewonnen!

5.2 Die wichtigsten Tipps und Tricks, um Ihre Website für Sprachsuche zu optimieren

Sprachsuche braucht mobil optimierte Inhalte

Die Sprachsuche wird überwiegend von unterwegs genutzt. Aus diesem Grund ist z. B. Google dazu übergegangen, die Inhalte von Websites primär anhand der Informationen, die auf der mobilen Version einer Website gefunden werden, für die Indexierung und das Ranking auf den Suchergebnisseiten zu verwenden. Sie sollten Ihren Internetauftritt daher mobil optimiert gestalten (siehe Seite 30).

Strukturierte Daten nach Schema.org

Auf Seite 31 habe ich skizziert, wie Sie wesentliche Inhalte ihrer Website durch strukturierte Daten den Suchmaschinen quasi auf dem Silbertablett servieren. Sie werden über das Standardformat Schema.org bereitgestellt. Weil die Sprachsuche zunehmend an Bedeutung gewinnt, hat Schema.org eine eigene Spezifikation aufgebaut, um auf Inhalte Ihrer Website zuzugreifen, die sich besonders gut vorlesen bzw. sprechen lassen [▦].

Beantworten Sie W-Fragen

Bei der klassischen Suchmaschinenoptimierung ging es stets darum, einzelne Suchworte zu optimieren. Inzwischen erkennen Suchmaschinen aber Zusammenhänge immer besser und sind auch in der Lage, ganze Sätze und Suchintentionen zu verstehen. Um den passenden Treffer für die Sprachsuche zu liefern, kommt es nicht auf einzelne Keywords an, sondern darauf, dass eine Frage optimal beantwortet wird.

Das heißt konkret, wenn Sie Anwalt sind, reicht es nicht, nur Ihre Fachrichtung oder Fachanwaltschaft wie zum Beispiel Arbeitsrecht, Steuerrecht oder Familienrecht aufzuführen. Die reine Auflistung dieser Keywords bringt für die Beantwortung einer Sprachsuche keinen Mehrwert, denn Nutzer stellen dabei üblicherweise sogenannte W-Fragen: „Wo gibt es einen guten Arbeitsrechtler?", „Was muss ich bei einer Abmahnung tun? Wer kann mir in Köln-Rodenkirchen dabei helfen?", „Welche Frist muss ich bei der Abgabe meiner Steuererklärung beachten?"

Genau auf diese W-Fragen (Wer? Was? Wann? Wo? Wie? Welche?) müssen Sie mit Ihrer Website gute Antworten liefern, die möglichst nicht zu lang sind. Schauen Sie kritisch über Ihre Website und überlegen Sie genau, welche Produkte oder Dienstleistungen mit einer W-Frage erklärt werden können.

> Tipp: Fragen Sie Ihre Mitarbeiter, die in direktem Kundenkontakt stehen (Kundendienst, Empfang, Verkäufer) nach den zehn häufigsten Fragen, die sie von Kunden oder Interessenten immer wieder gestellt bekommen.

Formulieren Sie passende, möglichst präzise Antworten und lesen Sie diese einem Mitarbeiter oder Geschäftspartner laut vor. Fragen Sie ihn, ob man Ihre Antwort auch als Laie gut verstehen kann. Um es perfekt zu machen, sollten Sie immer versuchen, eine lokale Note in der Antwort unterzubringen. Das können Hinweise zu erfolgreichen Projekten in Ihrem geografischen Umfeld sein, die Nennung der Mitgliedschaft in einem lokalen Verband oder einfach nur der Hinweis, dass Sie schon mehr als 100 erfolgreiche Mandate in der Region „Kölner Süden" abgewickelt haben. Damit liefern Sie eine hilfreiche Zuordnung, um lokale Suchanfragen zu beantworten.

Dann stellen Sie diese Antworten auf Ihre Website unter den Punkt „Häufig gestellte Fragen" (Frequently Asked Questions, FAQ) und leiten mithilfe der Spezifikation von Schema.org Sprachsuchanfragen auf diesen Menüpunkt. Fertig ist die lokale FAQ-Seite!

Sprachsuche und Featured Snippets

Mit Featured Snippets (ausgewählten Schnipseln) versuchen Suchmaschinen wie Google Nutzern eine direkte Antwort auf ihre Fragen zu geben, indem sie ihm einen „ausgewählten Schnipsel" einer Website zeigen, die nähere Erklärungen bietet. Damit will das Unternehmen Nutzer auf der Google-Seite halten und den Besuch der fremden Website überflüssig machen. Ich will Ihnen das an einem Beispiel kurz zeigen: Wenn Sie bei Google zum Beispiel „lokale onpage optimierung" suchen, dann erhalten Sie folgende Trefferliste:

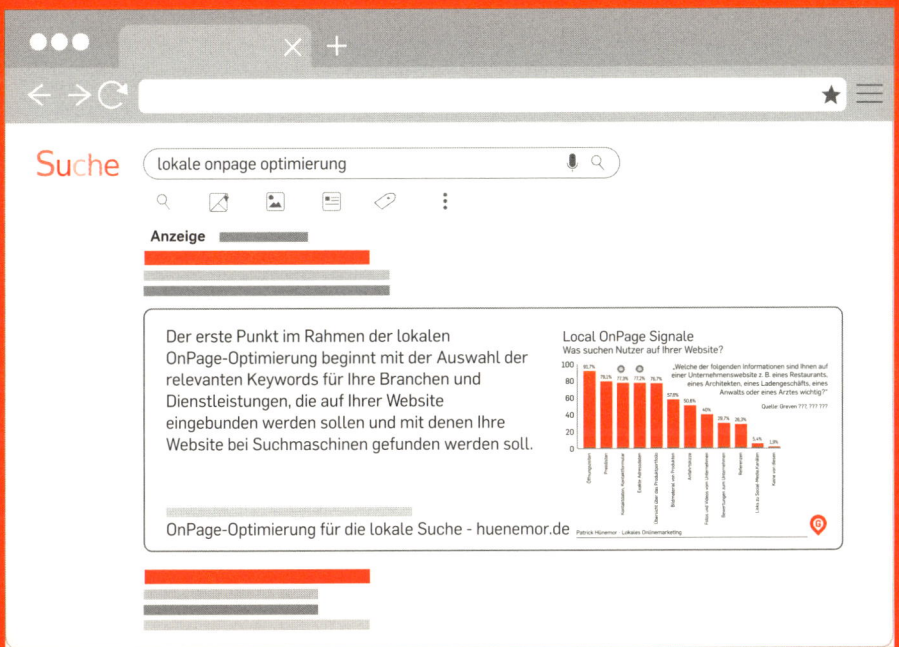

Zur Beantwortung der Frage zitiert Google also einen Abschnitt von meiner Website www.huenemohr.de und zeigt diesen extrem prominent ganz oben an – noch vor den ersten organischen Treffern! Man spricht deshalb auch von der Position

„o". Und was hat das mit der Sprachsuche zu tun? Ganz einfach: Alle Sprach-assistenten machen es sich möglichst einfach und greifen für die Beantwortung von Fragen gerne auf die Inhalte der Featured Snippets zurück. Genauso gerne nutzen sie auch das sogenannte Knowledge Panel. Zur Erinnerung: Das ist der Informationsblock, der manchmal rechts von der Trefferliste angezeigt wird (siehe Kapitel 4). Beide Quellen werden von den Suchmaschinen häufig für das Vorlesen von Informationen genutzt.

Die schlechte Nachricht: Sie können nicht direkt beeinflussen, ob die Informatio-nen von Ihrer Website als Featured Snippets oder im Knowledge Panel auftauchen. Die gute Nachricht: Wenn Sie strukturierte Daten nach Schema.org anbieten und W-Fragen beantworten, erhöht sich die Wahrscheinlichkeit, dass Informationen von Ihrer Website dort Eingang finden. Es gibt zwar keine Garantie dafür, doch einen Versuch ist es aufgrund der zukünftigen Bedeutung der Sprachsuche alle-mal wert.

Im Kapitel 4 zur Suchmaschinenoptimierung habe ich bereits darauf hingewiesen, wie wichtig einheitliche und konsistente Firmeninformationen
für die lokale Suche sind (siehe Seite 122). Für die lokale Sprachsuche gilt
dasselbe. Sie sollten dazu vor allem Ihre Einträge in die Verzeichnisse der
jeweiligen Suchmaschine im Blick behalten und auf diesen Seiten ein gut
gepflegtes Firmenprofil mit einheitlichen Adress- und Kommunikations-
daten unterhalten. So stellen Sie sicher, dass Ihr Unternehmen auch über die
Sprachsuche korrekt gefunden wird und Sie relevante Kontakte erhalten.
Anhand der folgenden Übersicht können Sie erkennen, welcher Sprachassistent auf welche Quellen zurückgreift, um lokal relevante Firmensuchen
zu beantworten.

	Suche	Verzeichnis-eintrag	Bewertungen, Rezensionen
Siri	Google	Apple Maps Connect	Yelp
Alexa	BING	Yelp, Yext	Yelp
Google Assistant	Google	Google My Business	Google My Business
Cortana	BING	BING Places for Business	Yelp

Quickstarter –
schneller gefunden werden

#1 Vom Nutzer aus denken

Wenn Sie bei der Sprachsuche mitspielen möchten, dann muss Ihre Website Antworten auf gesprochene Fragen liefern. Kann Ihre Website das heute schon, oder listen Sie in Ihrem Leistungskatalog nur Begriffe auf, die nicht genau erklärt werden und somit für die Sprachsuche keinen Ansatzpunkt bieten? Prüfen Sie Ihre Website kritisch – engagieren Sie im Zweifelsfall einen professionellen Texter und erklären Sie ihm anhand dieses Kapitels, was Sie exakt erwarten.

#2 Sprachsuche bedient sich vieler Quellen

Wenn Sie in den Verzeichnissen der unterschiedlichen Anbieter von Sprachsystemen vertreten sein möchten, müssen Sie deren Regeln bedienen. Legen Sie in den jeweiligen Portalen, die auf Seite 129 genannt sind, einen Branchenprofileintrag an. Wie das genau funktioniert, erkläre ich in Kapitel 7.

#3 Schema.org für Voice Search

Damit Sprachsuche auf Ihrer Website einen technischen Anker findet, bietet Schema.org eine eigene Spezifikation an, um die Abschnitte Ihrer Website zu kennzeichnen, die sich besonders für das Sprechen und Vorlesen eignen. Bauen Sie diese Spezifikation in Ihre Website ein oder bitten Sie Ihren Dienstleister, das zu tun.

6 Bewertungen

Hat Ihnen jemand eine schlechte
Bewertung gegeben? Oder ärgern Sie
sich, weil niemand Ihren Service lobt?
Jetzt nicht mehr. Die Tipps und Tricks
aus diesem Kapitel helfen Ihnen dabei,
mehr und bessere Bewertungen zu
bekommen und etwas gegen notorische
Nörgler zu unternehmen.

Ein guter Ruf war schon immer sehr wertvoll. Er ist schwer zu aufzubauen, aber leicht zu verlieren. Das Internet macht es für Sie möglich, Ihren guten Ruf zu etablieren, zu messen und Ihren potenziellen Kunden anzuzeigen. Meist geschieht dies in Form von Sternchen, die Suchmaschinen auf der Ergebnisseite anzeigen. Sie kennen das vermutlich beispielsweise von Amazon. Während dort vornehmlich Produkte bewertet werden, geht es jetzt um Ihren guten Ruf als lokaler Unternehmer.

Um herauszufinden, welche Rolle Kundenbewertungen für das Kaufverhalten spielen, hat Greven Medien 2017 eine repräsentative GfK-Onlineumfrage in Auftrag gegeben. Demnach erkundigen sich zwei Drittel der Befragten vor einer verbindlichen Kaufentscheidung zunächst nach Bewertungen im Internet. Etwa ein Drittel gibt an, dass Bewertungen in Onlineportalen ihre Entscheidung stark bis sehr stark beeinflussen.

Die Entscheidung für ein Restaurant fällt längst nicht mehr zufällig, der Kauf des neuen Fernsehers wird von der Meinung anderer Nutzer beeinflusst, und auch vor der Wahl eines Handwerkers oder Steuerberaters recherchieren Kunden heutzutage online nach Kommentaren. Das Internet ist die erste Anlaufstelle für Kaufinteressierte und trägt maßgeblich zum Entscheidungsprozess bei – ganz gleich ob Onlineshop oder lokales Geschäft.

Während Nutzer Bewertungen lieben, betrachten Unternehmen sie oft mit großer Skepsis, weil sie negative und ungerechte Urteile fürchten. Speziell Juristen und Ärzte sind nur schwer davon zu überzeugen, sich dem Bewertungsmanagement zu stellen. Viele meiner Kunden haben den Eindruck, alle Bewertungen seien schlecht. Doch die gefühlte Wahrnehmung täuscht. Lucas Müller, der Geschäftsführer von GoLocal.de, einem der führenden Bewertungsportale in Deutschland mit mehr als 8,8 Millionen bewerteten Unternehmen, hat exklusiv für dieses Buch eine Aufstellung gemacht: Sie zeigt, dass der überwiegende Anteil – nämlich 57,93 Prozent – aller Bewertungen auf GoLocal.de die maximale Zahl von fünf Sternen haben. Der Durchschnitt liegt bei 3,95 Sternen. Nur bei einem Sechstel der Bewertungen ist ein Stern angegeben. Fakt ist: 80 Prozent aller Bewertungen auf GoLocal.de enthalten drei Sterne oder mehr.

6.1 Sterne bei Suchmaschinen

Bewertungen finden nicht nur bei Kunden viel Beachtung und spielen eine wichtige Rolle bei der Kaufentscheidung, sie haben auch starken Einfluss auf Ihre lokale Sichtbarkeit in den Suchmaschinen. So sorgen Bewertungen dafür, dass sich Ihr lokales Ranking in den Suchmaschinendiensten (wie zum Beispiel im Local Pack von Google) verbessert, und sie wirken sich positiv auf die Klickraten aus – sowohl in Bezug auf die organischen Treffer der Ergebnislisten als auch auf die Suchmaschinen-Werbeanzeigen.

Besseres lokales Ranking in Suchmaschinendiensten

Als Local Pack werden die ersten drei Einträge bezeichnet, die Google bei lokalen Suchanfragen auf der Ergebnisliste zeigt (siehe Seite 110). Um die Position Ihrer Website in diesem Informationsblock positiv zu beeinflussen und langfristig bessere Positionen zu erzielen, sind Bewertungen essenziell, genauer gesagt, sind sie der drittwichtigste Rankingfaktor (siehe Seite 113). Ausschlaggebend sind dabei die Zahl der Bewertungen, die Häufigkeit, in der sie erteilt werden (Konstanz), und die Unterschiedlichkeit – es ist unglaubwürdig, wenn zehnmal hintereinander fünf Sterne vergeben werden. Bevor Sie mit der Sternesammlung im Local Pack beginnen können, müssen Sie sich bei Google My Business eintragen (siehe Kapitel 7).

Für die Nutzer ist die Bewertung von Unternehmen im Local Pack durchaus von Bedeutung. So hat der US-Onlinedienstleister BrightLocal herausgefunden, dass für gut die Hälfte der befragten Nutzer die Sterne den Ausschlag dafür gaben, auf welche der im Local Pack angezeigten Internetseiten sie klickten.

Bessere Klickraten auf Suchmaschinen-Werbeanzeigen

In Anzeigen bei Google Ads und Google Shopping werden die Sterne als „Verkäuferbewertungen" bezeichnet. Damit sie dargestellt werden können, müssen die Anzeigenerweiterungen für Bewertungen aktiviert werden (siehe Seite 98).

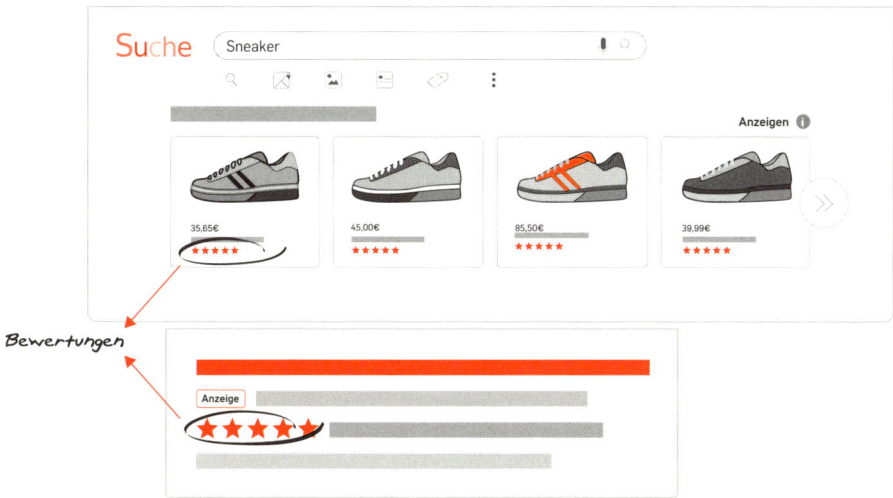

Mehr können Sie an dieser Stelle nicht tun, denn die Entscheidung, ob Sterne gezeigt werden, trifft allein Google und greift dabei auf Partner zurück, die Bewertungen einsammeln [▦]. Grundsätzlich müssen mindestens 100 Bewertungen unterschiedlicher Nutzer mit durchschnittlich mindestens 3,5 Sternen vorliegen, bevor sie angezeigt werden. Und selbst dann entscheidet letztlich Google, ob die Bewertungen erscheinen oder nicht. Sie können sich allerhöchstens einem der Partner anschließen, von denen Google Bewertungen bezieht. Leider hat das seinen Preis, liefert aber nachweislich Erfolg. Anbieter sind unter anderem TrustedShops, Trustpilot oder auch eKomi.

6.2 Bewertungsportale

Allein im deutschsprachigen Raum gibt es mehr als 430 Bewertungsportale. Ich empfehle, mit Generalisten zu beginnen und auf Spezialisten nicht zu verzichten. Was meine ich damit? Es gibt Bewertungsportale, an denen Sie nicht vorbeikommen und die Sie auf jeden Fall bedienen müssen. Auf der anderen Seite gibt es Branchenspezialisten, die Sie bei Bedarf aufnehmen sollten, wenn Ihre Branche das erfordert und es keine echte Alternative dazu gibt.

> Tipp: Da Bewertungsplattformen für Ihre Dienstleistung zum Teil recht hohe Gebühren verlangen sollten, Sie unbedingt darauf achten, dass das Portal, für das Sie sich entscheiden, auch eine Schlichtungsstelle bietet, um gegen unfaire Bewertungen vorgehen zu können.

Bewertungsportale, die für Sie interessant sein könnten

Zu den Generalisten, die Sie auf jeden Fall bespielen sollten, gehören:
Google My Business: Wie Sie sich dort eintragen, erkläre ich ausführlich in Kapitel 7. Über Ihren Google My Business-Account können Sie Bewertungen übersichtlich und einfach handhaben.
golocal: Bewertungen zu Hotels, Restaurants, Ärzten, Steuerberatern, Rechtsanwälten, Handwerkern in ganz Deutschland. Eine Listung bei golocal bietet außerdem den Vorteil, dass Ihre Bewertungen in den wichtigsten Verzeichnismedien Deutschlands (telefonbuch.de, gelbeseiten.de und dasoertliche.de) angezeigt werden.
auskunft.de: Die lokale Suchmaschine für Deutschland mit Nutzerbewertungen.
Yelp: Ursprünglich aus dem Bereich der Restaurants, Bars und Clubs, mittlerweile auch für viele weitere Branchen aktiv.
KennstDuEinen: Dienstleisterempfehlungen aus der Umgebung.
bewertet.de: Konzentriert sich auf Bewertungen und Empfehlungen zu Dienstleistern (wie zum Beispiel Steuerberater, Rechtsanwälte oder Immobilienmakler).

Facebook: Facebook bietet ebenfalls Bewertungsfunktionen für Unternehmen, die eine eigene Profilseite betreiben. Das Netzwerk hat eine immense Reichweite und seine Mitglieder haben eine große Bereitschaft mitzuteilen, was ihnen gefällt.

Zu den spezialisierten Bewertungsplattformen zählen:

Jameda: Arztempfehlungen mit Arztsuche und Terminbuchungsfunktion.

Arzt Auskunft: Die Arztsuche mit Bewertungsfunktion der Stiftung Gesundheit.

Autoplenum: Bewertungen von Fahrzeugen und Werkstätten.

Autoaid.de: Bietet die Möglichkeit, Autowerkstätten zu bewerten.

Yelp: Restaurant-, Bar- und Club-Bewertungen.

tripadvisor: Bewertungen von Hotels, Restaurants, Ferienwohnungen und touristischen Aktivitäten.

HolidayCheck: Hotel- und Reisebewertungen.

ekomi: Bietet Onlineshop- und Produktbewertungen mit Siegel- und Bewertungsmanagement.

Trusted Shops: Shopbewertungen, Gütesiegel und Bewertungsmanagement.

6.3 Die wichtigsten Tipps und Tricks, um an positive Bewertungen zu kommen

Die wichtigste Frage lautet, wie Sie möglichst rasch an viele positive Bewertungen kommen. Mit den folgenden Tipps und Tricks sollte das recht schnell gelingen:

- Nichts ist einfacher, als einen zufriedenen Kunden direkt nach dem Kauf, der Beratung, der Behandlung oder der Onlineorder um eine kurze Bewertung zu bitten. Verlinken Sie dazu entweder direkt auf die Bewertungsfunktion auf Ihrer Website oder die Bewertungsfunktion in Ihrem Google My Business-Profil.
- Ihre Bestandskunden lieben Sie und Ihren Service ebenfalls. Was liegt also näher, als ab und an auch einen Bestandskunden zu einer kleinen Bewertung zu animieren? Probieren Sie es aus.
- Kleine Anreize für die Abgabe einer Bewertung funktionieren ganz hervorragend. Bei meinem Fahrradhändler bekomme ich zum Beispiel für eine Bewertung die erste Inspektion für mein Fahrrad gratis. Das kostet nicht wirklich viel, erzeugt aber einen kontinuierlichen Zufluss von aktuellen Bewertungen – das lieben Suchmaschinen, aber auch Ihre potenziellen Neukunden, die sich ein Bild über Ihre Leistung verschaffen wollen.
- Für die direkte Bewertung im Geschäft kann auch ein Tablet oder ein Computer nützlich sein, auf dem Sie dem Kunden direkt in Ihrem Laden die Möglichkeit geben, sich positiv zu äußern. Die dafür notwendige Bewertungs-App stellt Ihnen zum Beispiel der Anbieter Meinungsmeister.de zur Verfügung. Zusätzlich zur App für Ihr Tablet bietet Ihnen Meinungsmeister auch die Möglichkeit, Empfehlungskarten mit Ihrem Logo an Ihre Kunden abzugeben oder Bewertungsbögen auszulegen, die der Anbieter anschließend bequem und unabhängig für Sie auswertet. Die Summe der so einge-

sammelten Bewertungen stellt Ihnen Meinungsmeister tagesaktuell über ein Siegel auf Ihrer Website zur Verfügung.

- Wenn der Kunde Sterne vergibt, ist das besser, als gar keine Bewertung zu erhalten. Noch besser ist es allerdings, wenn Sie den Kunden zusätzlich davon überzeugen können, einen kurzen Text zu verfassen. Das muss nichts Langes sein. Oft reicht ein „Super Service!", „Sehr freundliche Bedienung", „Tolle Beratung". „Schnelle Lieferung", „Preis-/Leistung ist toll" oder Ähnliches. Geben Sie dem Kunden im Gespräch direkt eine solche Phrase an die Hand. Das macht es ihm leichter, einen Text zu verfassen. Mangelnde Kreativität ist dann keine Ausrede mehr.

- Wenn Sie über Ihren E-Mail-Abbinder auf Bewertungen aufmerksam machen möchten, formulieren Sie das doch pfiffig als Frage. Das ist eine kreative Herangehensweise, die auch den Empfänger erst einmal zum Nachdenken und Schmunzeln anregt und schließlich den notwendigen Klick auf Ihre Website oder die Bewertungsplattform bringt. Hier einige Beispiele: „Wie bewerten Sie unsere Zusammenarbeit? Großartig, hervorragend oder exzellent? Bitte teilen Sie uns Ihre Meinung mit und bewerten Sie uns auf [Link zur präferierten Plattform einfügen]". „Waren Sie mit Ihrem Einkauf bei uns und unserem Service zufrieden? Wir freuen uns über eine positive Bewertung von Ihnen auf [Link]. Falls Sie mit Ihrem Einkauf/unserem Service nicht zufrieden waren, melden Sie uns doch bitte warum, damit wir die Chance haben, dies wieder gutzumachen." „Wir hoffen, Sie sind mit Ihrem Einkauf/unserem Service zufrieden, und freuen uns über eine positive Bewertung auf einer der folgenden Plattformen [Links einfügen]. Falls noch Wünsche oder Fragen offen geblieben sind, melden Sie sich doch bitte bei uns, damit wir unser ganzes Versprechen bei Ihnen einlösen und in Zukunft noch besser werden können. Vielen Dank für Ihre Mühe, Ihr Partner für [bitte einfügen]!"

6.4 Umgang mit negativen Bewertungen

Natürlich wäre es naiv zu denken, es gäbe keine schlechten Bewertungen. Sie können davon ausgehen, dass eine gute Leistung als selbstverständlich erachtet wird. Lob gibt es nur für außergewöhnlich gute Leistungen. Deshalb ist es auch so wichtig, Ihre Kunden aktiv zu guten Bewertungen aufzufordern.

Schlechte Bewertungen kommen vor und können berechtigt sein. In einigen Fällen sind sie aber auch auf chronische Nörgler zurückzuführen oder gar völlig aus der Luft gegriffen. Grundsätzlich ist wichtig, dass sie sowohl auf gerechtfertigte als auch auf ungerechtfertigte Bewertungen reagieren. Dies zeigt auch allen anderen Kunden, dass Sie Ihr Geschäft und Ihre Kundschaft ernst nehmen und kritikfähig sind. Nach einer positiven Bewertung können Sie sich mit einem Kommentar öffentlich bei dem Kunden bedanken und schreiben, dass Sie sich schon jetzt auf seinen nächsten Besuch freuen. Bei negativen Bewertungen sollten Sie Folgendes beachten:

- Bleiben Sie in Ihrer Antwort freundlich und behandeln Sie den Kunden auf Augenhöhe, damit er sich verstanden fühlt. Gehen Sie nicht auf Provokationen ein, sondern wählen Sie einen sachlichen und professionellen Ton.
- Bei berechtigter Kritik ist es wichtig, sich gegebenenfalls zu entschuldigen. Sind Sie beispielsweise mit der Lieferung im Verzug, sollten Sie das auch zugeben.
- Bieten Sie Ihrem Gegenüber eine optimale Lösung an und verbessern Sie damit Ihren Kundenservice. Eine Lösung des Problems und gegebenenfalls eine kleine Wiedergutmachung können ihn vielleicht dazu bewegen, seine schlechte Bewertung zu revidieren.
- Sie müssen sich nicht alles gefallen lassen. Bei Beleidigungen oder Hasskommentaren sollten Sie den Verfasser an einen respektvollen Umgangston erinnern. Wenn das nicht hilft, können Sie sich an Google oder das jeweilige

Portal wenden und den Nutzer sperren lassen. Das sollte allerdings nur die letzte Option sein.

- Wenn keine Einigung mit dem Kunden oder keine nachträgliche Löschung erwirkt werden kann, kann man eine unfaire Bewertung auch öffentlich kommentieren. In Ihrem Kommentar sollten Sie möglichst sachlich dokumentieren, welche Lösungsvorschläge Sie dem Verfasser der Bewertung unterbreitet haben. Potenzielle Neukunden können dann erkennen, dass Ihr Unternehmen oder Ihr Onlineshop trotz der schlechten Bewertung eigentlich einen guten Service bietet und sich persönlich um jeden Kunden bemüht.

Auf keinen Fall Bewertungen kaufen!

Der Gedanke, sich positive Bewertungen einfach zu kaufen und das Geschäft damit künstlich aufzubessern, ist ebenso verlockend wie gefährlich. Aus mindestens zwei Gründen sollten Sie das in keinem Fall tun. Zum einen ist es nicht legal, sondern fällt juristisch unter „irreführende Werbung". Der zweite Grund ist ebenso geschäftsschädigend. Es kann passieren, dass Verkäufer von Bewertungen auffliegen. Speziell große E-Commerce-Plattformen gehen in jüngster Zeit immer konsequenter gegen Bewertungsnetzwerke vor. Sie wollen bestimmt nicht riskieren, dass Ihr guter Name und Ihr über Jahre aufgebauter Ruf durch ein paar Bewertungen, die nicht authentisch sind, Schaden erleiden. Also tun Sie es nicht!

Quickstarter –
sofort mehr Erfolg mit Bewertungen

#1 Ihr eigenes Bewertungsfenster mit Google My Business

Bieten Sie Ihren Kunden ab morgen eine schicke Bewertungsfunktion über Ihren Google My Business-Account. Dazu bauen wir einen Link, den Sie sofort in Ihren E-Mail-Abbinder, unter jede Shopbestellung oder sogar mit QR-Code auf Ihr Briefpapier drucken können. Und so geht's: Rufen Sie die Google-Seite zur Suche Ihrer Place-ID auf [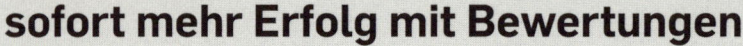]. Dort finden Sie einen Suchschlitz „Enter a location", in den Sie den Namen Ihrer Firma eingeben, mit dem Sie bei My Business verzeichnet sind. Wenn Sie Ihren Eintrag gefunden haben, klicken Sie ihn an. Die Place-ID zu Ihrem Unternehmen, die Ihnen dort angezeigt wird, kopieren Sie und fügen sie abschließend hier ein: https://search.google.com/local/writereview?placeid.

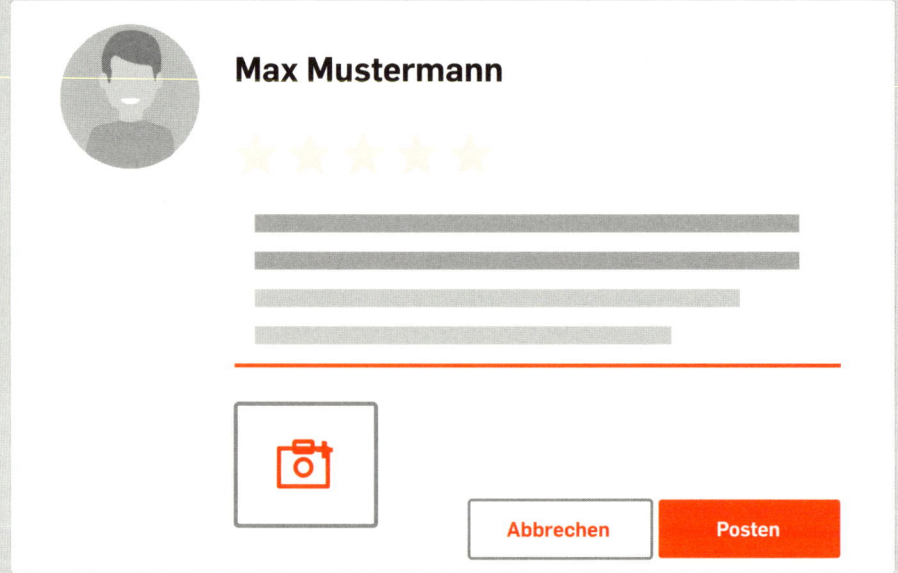

Fertig ist der Link für das Bewertungsfenster. Jetzt müssen Sie den Link nur noch unter das Volk bringen, und die Bewertungssammlung kann starten.

#2 Bewertungen auf der eigenen Website

Ihre Website ist die Basis für das lokale digitale Marketing, also auch für Bewertungen! Ich empfehle meinen Kunden grundsätzlich, auch auf ihrer eigenen Website eine Bewertungsfunktion einzubinden. Warum? Die Bewertungen auf Ihrer Website gehören allein Ihnen und keiner Internetplattform. Auf Seite 31 habe ich Ihnen gezeigt, wie Sie die eigenen Bewertungen auf Ihrer Website über Schema.org für die Suchmaschinen auslesbar machen und so mit etwas Geduld auch auf den Profileinträgen von Google My Business oder BING-Places sichtbar werden.

#3 Bewertungen werden überall gelesen

Bewertungen werden auf allen möglichen Plattformen gelesen. Bei der Suchmaschinenoptimierung reden wir zwar zumeist über die Plattformen von Google oder BING, Bewertungen werden aber auch bei Meinungsmeister, golocal, Yelp, Amazon oder TripAdvisor angezeigt und gelesen. Und wie wir bei den Citations (siehe Seite 122) gesehen haben, stellen all diese Plattformen wiederum einen Bezugspunkt für die Suchmaschinen dar, um die Authentizität Ihres Unternehmens im Internet zu erkennen.

7 Google My Business, BING Places, Apple Maps Connect und andere Verzeichnisse

Lokale Verzeichnisse wie GelbeSeiten.de oder GoogleMyBusiness sind ebenso wichtig für Ihren Onlinemarketingmix wie lokale Suchmaschinen wie Auskunft.de.Ihre Kunden sind lokal unterwegs, und deshalb sollten Sie es auch sein. Hier erfahren Sie, wie Sie Ihr Unternehmen in diese Verzeichnisse und Suchmaschinen eintragen und was es Ihnen bringt.

In Kapitel 4 war bereits die Rede davon, wie wichtig es ist, Ihr Unternehmen in Verzeichnisse und Suchmaschinen einzutragen und dabei darauf zu achten, dass die Angaben einheitlich sind (siehe Seite 122). Dies gilt vor allem für Name, Adresse und Telefon (die sogenannten NAP-Daten), weil Suchmaschinen bei lokalen Anfragen darauf zugreifen. Zudem zählt die Einheitlichkeit dieser Daten zu den wichtigsten lokalen Rankingfaktoren: Wenn die Angaben zu Ihrem Unternehmen übereinstimmen, erhöht das Ihre Chancen, bei der lokalen Anbietersuche auf den vorderen Plätzen zu landen.

Widersprüchliche oder unvollständige Firmen- und Adressinformationen sind aber nicht nur für Suchmaschinen ein Hindernis, sie führen auch zu einem Vertrauensverlust beim Nutzer. Bei einer Umfrage des US-Onlinedienstleisters BrightLocal im Jahr 2018 gaben 80 Prozent der Befragten an, sie würden das Vertrauen in ein lokales Unternehmen verlieren, wenn die Angaben im Internet falsch oder inkonsistent wären. Bei 50 Prozent führten sogar schon falsche Öffnungszeiten zu einem Vertrauensverlust. Also unterschätzen Sie nicht die Macht von gleichlautenden Firmeninformationen im Internet. Die häufigsten Fehler, die bei den Kontaktdaten gemacht werden, habe ich Ihnen hier aufgeführt:

	Falsch	Richtig
Firmenname Achten Sie darauf, dass Ihre Firma korrekt bezeichnet ist, einschließlich Rechtsform.	Max Mustermann	Max Mustermann GmbH & Co. KG
Adresse Straßennamen werden nicht abgekürzt, Hausnummern vollständig angeben, auf korrekte Ortsbezeichnung achten.	Blumenstr. 1 50999 Rodenkirchen – Köln	Blumenstraße 1–3 50999 Köln

	Falsch	Richtig
Telefonnummer Setzen Sie zwischen Vorwahl und Rufnummer ein Leer-zeichen, vermeiden Sie die Angabe von Durchwahlen. Wenn Sie die Ländervorwahl +49 angeben, entfällt die "0" der Vorwahl.	0221-234567-12	0221 2345670 +49 221 2345670
Öffnungszeiten Eines der größten Ärgernisse für Besucher ist, wenn Öff-nungszeiten nicht stimmen oder der Samstag fehlt. Hinweise zu Feiertagen nicht vergessen!	Mo. – Fr.: 9–17 Uhr	Montag: 09:00–17:00 Uhr Dienstag: 09:00–17:00 Uhr Mittwoch: 09:00–17:00 Uhr Donnerstag: 09:00–17:00 Uhr Freitag: 09:00–17:00 Uhr Samstag: 09:00–13:00 Uhr
Websiteadresse Achten Sie auf die richtige Schreibweise, verlinken Sie nicht auf Unterseiten.	Mustermann.de/kontakt	http://www.mustermann.de

Ihre Angaben in den Verzeichnissen sollten unbedingt mit denen auf Ihrer Website (zum Beispiel im Impressum) übereinstimmen. Denn Abweichungen stellen für Suchmaschinen fehlende Kongruenz dar, die auf Manipulation oder mindestens fehlende Klarheit hindeutet!

Bleibt die spannende Frage, auf wie vielen und in welchen Verzeichnissen Sie mit Ihrem Unternehmen vertreten sein sollten? Die Frage der Anzahl hat BrightLocal anhand von 120.000 lokalen Unternehmen aus 26 Branchen in den USA untersucht. Diese hatten im Durchschnitt 81 Erwähnungen (Citations). Eine weitere Erkenntnis war, dass es einen eindeutigen Zusammenhang zwischen den besten Positionen im Local Pack von Google und der Zahl der Citations gab. Unternehmen, die auf den prominenten Plätzen erschienen, hatten 85 Einträge. Mit anderen Worten: Je mehr Citation-Signale die Such-maschine von unterschiedlichen Seiten erhält, desto deutlicher verbessert sich die Position Ihres Unternehmens im Ranking. Gleichzeitig sollte dies auch dazu führen, dass Sie mehr Besucher von anderen Seiten erhalten, die sich im besten Falle alle zu Neukunden entwickeln.

Damit sich Ihre Position in den Ergebnissen der Suchmaschinen verbessert, ist aber auch entscheidend, dass Sie Einträge in den relevantesten Verzeichnissen anlegen. Auf internationaler Ebene zählen dazu Google My Business, BING Places for Business, Apple Maps Connect, Facebook (Business-Firmenseite) und YELP. Auf nationaler Ebene gehören gelbeseiten.de, dasoertliche.de, dastelefonbuch.de, golocal.de, meinestadt.de oder auch die lokale Suchmaschine auskunft.de auf jeden Fall dazu.

> **Eine vollständige Liste der relevanten Branchenverzeichnisse finden Sie im QR-Code am Ende dieses Kapitels [▓].**

Zusätzlich zu den bekannten Suchmaschinen, Verzeichnissen und sozialen Netzwerken eignen sich auch andere Medien und Register hervorragend, um konsistente Signale an die Suchmaschinen zu senden. Dazu gehören zum Beispiel Mitgliederverzeichnisse der örtlichen Handels- und Handwerkskammern, Fachverbände, bei denen Sie Mitglied sind, Vereinsregister, Stadtportale, die eigene Verzeichnisdienste anbieten, oder Unternehmerverbände auf lokaler Ebene.

> **Tipp: Da es gar nicht so einfach ist, den Überblick über alle Citations zu Ihrem Unternehmen zu behalten, haben sich einige Softwareanbieter darauf spezialisiert, diesen Eintrags- und Verwaltungsaufwand zu übernehmen. Für etwa 400 bis 500 Euro jährlich werden Ihre Firmendaten in alle relevanten Portale einheitlich eingetragen und aktuell gehalten. Der Vorteil: Sie müssen die Daten nur einmal hinterlegen. Außerdem werden Sie automatisch informiert, sobald auf einem Portal Nutzerfeedback (wie zum Beispiel eine Bewertung) eingegangen ist.**

7.1 Die wichtigsten Tipps und Tricks zum perfekten Google My Business-Eintrag

Das wichtigste Citation-Signal, das Google selbst zur Verfügung stellt, ist der Google My Business-Eintrag. Da diese Suchmaschine bei der lokalen Suche Marktführer ist, möchte ich Ihnen erklären, wie Sie Ihren Eintrag bei Google My Business anlegen und optimieren. Die Anlage bei anderen Diensten wie BING, Apple oder auch Facebook funktioniert sehr ähnlich.

Ausgangspunkt Ihres Eintrags ist die Website www.google.de/business. Nach einem Klick auf „Jetzt Starten" werden Sie gebeten, einen bestehenden Account bei Google einzugeben oder ein neues Konto anzulegen. Wenn Sie bereits andere Google-Services nutzen, beispielsweise den E-Mail-Dienst Gmail oder die Videoplattform YouTube, verfügen Sie bereits über einen Google-Account und können sich wie gewohnt einloggen.

Vollständige Angaben

Google liebt gut gepflegte My Business-Einträge. Machen Sie deshalb möglichst vollständige Angaben. Für die lokale Relevanz sind dies im Wesentlichen: Öffnungszeiten, Adresse Ihrer Website, Telefonnummer und Standort. Zusätzlich können Sie auch eine Beschreibung ihres Unternehmens abgeben. Bitte achten Sie darauf, in diesem Text die zwei bis drei wichtigsten Keywords für Ihr Unternehmen unterzubringen. Sie sollten es aber auch nicht übertreiben – eine inflationäre Verwendung wirkt sich eher negativ aus.

> Eine gute Übersicht zum Ausfüllen Ihres My Business-Eintrags finden Sie im QR-Code am Ende dieses Kapitels [▦].

Ihr Unternehmen ist bereits bekannt?

Es kann sein, dass Google zu Ihrem Unternehmen bereits ein Eintrag vorliegt, denn die Suchmaschine übernimmt Einträge aus Branchenbüchern wie zum

Beispiel gelbeseiten.de, dastelefonbuch.de oder die lokale Suchmaschine auskunft.de. Google hat diese Einträge sozusagen bereits für Nutzer sichtbar gemacht, ohne dass Sie von Ihnen bestätigt wurden. Sie haben in diesem Fall die Möglichkeit, Ihren neu angelegten Eintrag mit dem bereits existierenden zu verknüpfen und für sich zu beanspruchen.

Verifizierung

Um Ihren Eintrag zu verifizieren, schickt Google Ihnen eine Postkarte an Ihre Adresse. Damit soll sichergestellt werden, dass es Sie und Ihr Unternehmen an der von Ihnen angegebenen Adresse auch wirklich gibt. Sobald Sie die Postkarte erhalten haben, tragen Sie den Verifizierungsode bei Google ein. Schneller geht es, wenn Sie sich den Verifizierungscode per SMS auf ihr Mobiltelefon senden lassen.

Fotos und Videos

Nach Angaben von Google erhalten Unternehmen, die Fotos auf ihrer Profilseite haben, 42 Prozent mehr Anfragen nach Wegbeschreibungen und 35 Prozent mehr Klicks auf ihre Websites als Unternehmen ohne Fotos. Vermutlich machen Sie es bei der Suche nach Ihrem nächsten Feriendomizil auch nicht anders, oder? Die Bedeutung von Bildern wird künftig eher noch zunehmen. Also nur Mut: Drehen Sie ein paar nette Videos über Ihr Unternehmen und laden Sie die hoch.

Bewertungen

Google listet Einträge, die regelmäßig bewertet werden, vor Einträgen, zu denen es nichts zu sagen gibt. Spornen Sie Ihre Kunden also an, Bewertungen abzugeben und über Ihr Unternehmen zu schreiben. Dabei ist es am besten, wenn sich die Bewertungen gleichmäßig verteilen. Es sollten also nicht alle Freunde sofort etwas schreiben, und dann passiert monatelang nichts mehr. Das Gebot der Stunde ist ein schöner kontinuierlicher Zustrom an Bewertungen, der sich authentisch aufbaut.

Wie Sie an gute Bewertungen kommen, habe ich in Kapitel 6 erklärt.

Attribute machen den Unterschied

Mit dem Attribut „Einzugsgebiet" können Sie erklären, in welchem Umkreis Sie tätig sind. Das ist für lokale Unternehmen besonders wichtig, denn so bleiben Ihnen uninteressante Anfragen aus zu weiter Entfernung erspart, und Ihre Kunden können exakt sehen, ob Sie Ihren Service auch in ihrer Region anbieten.

Wenn Sie im Hotel- und Gaststättengewebe tätig sind, sollten Sie Attribute wie „WLAN-Verfügbarkeit" oder „Sitzgelegenheit im Freien" nutzen. Diese Informationen ermuntern Suchende, bei Ihnen Platz zu nehmen, anstatt beim Wettbewerber einzukehren.

Nützliche Statistik

Die Statistikfunktion von Google My Business liefert Ihnen Informationen darüber, woher die Besucher Ihrer Profilseite gekommen sind und über welches Suchwort sie zu Ihnen gefunden haben. Diese Angaben liefern Ihnen wertvolle Hinweise darauf, welche Suchworte schon sehr gut funktionieren und welche Sie noch verbessern können.

Google Ads und My Business verknüpfen

Falls Sie sich dazu entschließen, Werbeanzeigen (Google Ads) zu schalten, können Sie diese Anzeigenschaltung mit Ihrem My Business-Eintrag verknüpfen. Ihre Daten zum Standort, zu Öffnungszeiten etc. lassen sich dann bequem verbinden und werden in den Anzeigen sichtbar (siehe Kapitel 3).

Nutzeränderungen können es in sich haben

Suchmaschinen vertrauen bei der Verifizierung von Informationen gerne auf Schwarmintelligenz. Nutzer können deshalb einen „Änderungsvorschlag" zu Ihrem Google My Business-Eintrag machen. Oft werden diese „Vorschläge" allerdings sofort live gestellt, und Sie bemerken es nicht. Das harmloseste Beispiel sind Änderungen bei den Öffnungszeiten. Der Spaß hört allerdings auf, wenn Nutzer oder vielleicht sogar Wettbewerber Ihren Eintrag zu Ihrem Nachteil verändern und Sie zum Beispiel vom „Fachanwalt für Erbrecht" zum

„Anwalt" herabstufen. Ich rate Ihnen deshalb, Ihren Eintrag in regelmäßigen Abständen zu überprüfen. Aktivieren Sie auf jeden Fall die Benachrichtigungsfunktion für jede Veränderung, die auf Ihrem Profil stattfindet.

7.2 Interaktion mit Kunden über Google My Business

Anhand der folgenden Beispiele möchte ich Ihnen zeigen, wie Sie als Unternehmer einen konkreten Mehrwert aus Ihrem Google My Business-Profil ziehen können.

Buchungen erzeugen

Als Inhaber eines Hotels oder Restaurants bieten Sie vermutlich bereits Onlinebuchungen an. Aber wissen Sie auch, dass Sie die von Ihnen genutzte Buchungsplattform mit Ihrem Google My Business-Eintrag verknüpfen können? Der Vorteil liegt auf der Hand: Wenn ein Kunde erst einmal auf Sie gestoßen ist und die Möglichkeit der direkten Buchung hat, dann haben Sie ihn schon so gut wie an der Angel. Ein weiterer Vorteil für lokale Anbieter: Sie grenzen sich damit signifikant von Wettbewerbern ab, die diese Funktion nicht nutzen. Google bietet die Buchungsmöglichkeit auch für andere Branchen an, zum Beispiel Friseure.

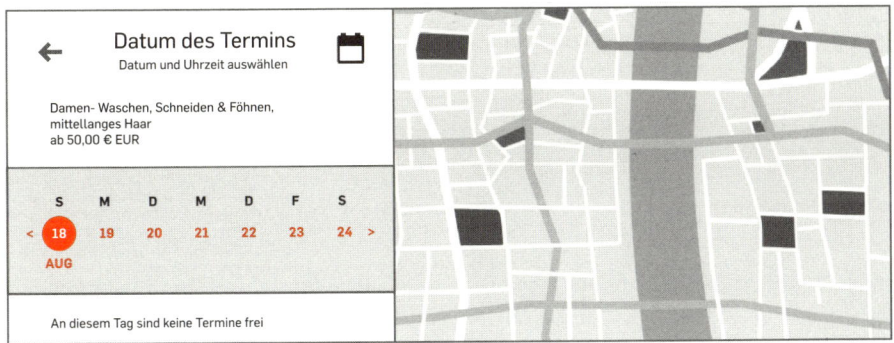

Ob es diese Funktion für Ihre Branche gibt, erkennen Sie daran, ob in Ihrem Menü der Button „Buchungen" auftaucht. Wenn Sie ihn nicht sehen, dann wird diese Möglichkeit nicht angeboten. Um die Buchung durchzuführen, greift Google auf Partner zurück. Sie können einsehen, welche das sind und ob das von Ihnen verwendete Buchungstool auch dabei ist [▦].

Beiträge erstellen

Sie haben die Möglichkeit, Ihren Eintrag mit eigenen Beiträgen aufzupeppen, die zum Anklicken und zur Kontaktaufnahme anregen. Dies können zum Beispiel Texte, Fotos, Videos oder Hinweise auf Veranstaltungen oder Angebote sein. Wählen Sie dazu im Hauptmenü „Beitrag erstellen". Ihre Beiträge werden in Ihrem Google My Business-Eintrag (bei der regulären Google-Suche und bei Google Maps) ein bis zwei Wochen lang angezeigt. Danach fordert Google Sie auf, die Inhalte zu erneuern. Die Möglichkeiten für Beiträge sind vielfältig – einige Beispiele möchte ich Ihnen hier vorstellen:

- Sie planen einen Tag der offenen Tür. Wunderbar! Dann bereiten Sie doch einen kurzen Beitrag mit einem Foto oder Video vor und stellen Sie ihn mit Datum, Uhrzeit und einem Link zu Ihrer Website ein.
- Sie haben neue Produkte im Sortiment. Hervorragend! Machen Sie ein paar Bilder von Ihrer neuen Kollektion, und bauen Sie am besten gleich einen Link zu Ihrem Shop ein.
- Sie bieten Rabatte oder Treuegutscheine an. Gute Idee! Wechseln Sie ab zwischen Anreizen zur Kundengewinnung (Neukundenrabatt) und der Pflege der Bestandskunden, die einen Wertgutschein für den nächsten Einkauf erhalten.

Egal, wofür Sie sich entscheiden – Sie können mit Beiträgen über Google My Business eine Menge für Ihr Geschäft vor Ort erreichen. Übrigens: In den Statistiken, die Ihnen Ihr Profil anzeigt, können Sie auch den Effekt Ihrer Beiträge verfolgen. Erfolgreiches lässt sich wiederholen und ausbauen. Wenn etwas

nicht klappt, lassen Sie es einfach weg und probieren dafür etwas Neues aus –
Hauptsache, Sie tun es.

Fragen und Antworten

Die Funktion „Fragen und Antworten" bietet eine hervorragende Möglichkeit, mit potenziellen Kunden ins Gespräch zu kommen. Nutzerfragen beweisen, dass Ihre Zielgruppe Interesse an Ihren Diensten oder Produkten hat. Und mit Ihren Antworten signalisieren sie Ihrer Kundschaft auch maximale Transparenz, weil alle Besucher Ihres My Business-Profils sie einsehen können.

Sie sollten jedoch einen Punkt beachten. Da Google auch dabei der Schwarmintelligenz vertraut, kann jeder eine Nutzerfrage beantworten. Rein theoretisch kann sogar ein Wettbewerber eine Antwort liefern, die dann auf Ihrem Google My Business-Profil erscheint. Ich rate Ihnen deshalb dringend dazu, schnell zu antworten, sobald eine Frage eingeht. Bei einer missbräuchlichen Nutzung der Frage-und-Antwort-Funktion können Sie sich auch jederzeit an das Supportteam von Google wenden.

Quickstarter –
Erfolg mit konsistenten Daten

#1 Citations für mehr Kontakt zu potenziellen Kunden

Konsistente Firmendaten sind nicht nur für gute Suchmaschinenpositionen wichtig, sondern auch für potenzielle Kundenkontakte – und die erhalten Sie mithilfe von sauber strukturierten Firmendaten von möglichst vielen Portalen. Halten Sie sich immer vor Augen, dass 80 Prozent der Nutzer das Vertrauen zu Ihnen verlieren, wenn Ihre Daten im Internet fehlerhaft oder unvollständig sind. Das schärft den Blick für die Aufgabe!

#2 Lassen Sie mal die Software machen

Nutzen Sie intelligente Softwaresysteme, um sich mit Ihrem Unternehmen in den unzähligen Branchenverzeichnissen, lokalen Suchmaschinen und Bewertungsportalen listen zu lassen. So gewinnen Sie außerdem endlich einen Überblick darüber, was im Internet über Ihr Unternehmen so alles gesagt wird. Nutzen Sie diese Systeme – sie ersparen Ihnen eine Menge Zeit, die Sie besser in Kundenservice und die Bearbeitung von Anfragen investieren können.

#3 Mit Google My Business Ihr Geschäft ankurbeln

Google My Business bietet deutlich mehr als nur einen Brancheneintrag. Nutzen Sie diese Möglichkeiten und treten Sie mit potenziellen Kunden in direkten Kontakt. Wenn Sie sich darauf einlassen, müssen Sie allerdings auch in der Lage sein, schnell zu reagieren. Schaffen Sie das, werden Ihre Kunden begeistert sein.

8 Contentmarketing

Contentmarketing ist die Kunst, Inhalte zu kreieren und online zu stellen, die Kunden so interessant finden, dass sie Kontakt zu Ihnen aufnehmen. Nicht durch marktschreierische Werbung, sondern durch interessante und relevante Texte, Bilder, Grafiken, Videos und Podcasts. Werden Sie kreativ, es macht Spaß!

Große Konzerne und Marken haben eigene Abteilungen oder beauftragen externe Agenturen, um die Möglichkeiten von Contentmarketing zu nutzen. Aber kann das auch ohne Millionenbudget bei kleinen und mittelständischen Unternehmen funktionieren? Ja, kann es, und ich werde Ihnen auf den nächsten Seiten zeigen, welche Chancen sich für Sie bieten.

Aber was ist Contentmarketing überhaupt, und warum erfährt es derzeit so viel Aufmerksamkeit? Laut Wikipedia handelt es sich um eine „Marketing-Technik, die mit informierenden, beratenden und unterhaltenden Inhalten die Zielgruppe ansprechen soll, um sie vom eigenen Unternehmen und seinem Leistungsangebot oder einer eigenen Marke zu überzeugen und sie als Kunden zu gewinnen oder zu halten". Diese Definition trifft den Kern von Content-marketing sehr gut und beantwortet schon fast die zweite Frage: Warum gibt es zurzeit einen solchen Run darauf? Ganz einfach: Contentmarketing ist die perfekte Antwort auf die Tatsache, dass sich das Einkaufsverhalten von Kunden durch die Möglichkeiten der Digitalisierung radikal verändert hat. Die gute alte Werbeformel „Kauf mich endlich, weil ich grandios bin" gilt nicht mehr, denn potenzielle Kunden wünschen sich heute schon **vor** dem Kauf authentische Erfahrungsberichte, Erklärungen und Details über ein Produkt oder eine Dienstleistung. Wenn Sie die liefern, sind das ideale Startbedingungen für eine fruchtbare Kundenbeziehung.

Mit anderen Worten: Wenn Sie es schaffen, potenzielle Kunden an der richtigen Stelle zum richtigen Zeitpunkt mit den richtigen Informationen zu versorgen, dann werden Sie nicht als plumper Werbestörer wahrgenommen, sondern als mehrwertstiftender Kompetenzträger. Beim Contentmarketing stellen wir deshalb Ihre Marke, Ihr Produkt, Ihre Dienstleistung und Ihr Unternehmen zunächst in den Hintergrund, überzeugen stattdessen mit nutzwertorientiertem Inhalt (Content) aus der Sicht des Kunden, um Sie dann wieder als perfekt passenden Anbieter ins Spiel zu bringen.

Für unser lokales Business heißt das konkret: Contentmarketing bietet Ihnen die Möglichkeit, sich mit Ihrem Know-how als Experte zu positionieren, der wertvolle Inhalte für den Nutzer liefert. Sie gewinnen somit das Vertrauen

Ihrer Kunden vor Ort, die ihr Geld bei einem wirklich kompetenten Händler oder Dienstleister ausgeben möchten.

8.1 Ziele von Contentmarketing

Nach einer Analyse von Statista wollen Unternehmen mit Contentmarketing vor allem ihre Bekanntheit steigern, Neukunden gewinnen, Kunden binden und konkrete Anfragen (Leads) erzeugen.

Die Topziele im Contentmarketing:
Bekanntheit, Kundengewinnung und Kundenbindung

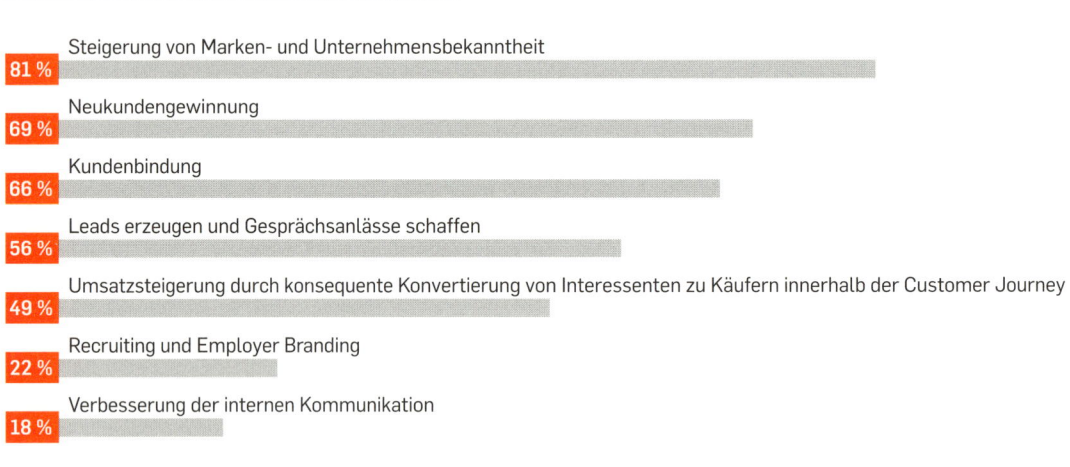

Was sind die Ziele Ihrer Contentmarketingarbeit?

Steigerung von Marken- und Unternehmensbekanntheit
81 %

Neukundengewinnung
69 %

Kundenbindung
66 %

Leads erzeugen und Gesprächsanlässe schaffen
56 %

Umsatzsteigerung durch konsequente Konvertierung von Interessenten zu Käufern innerhalb der Customer Journey
49 %

Recruiting und Employer Branding
22 %

Verbesserung der internen Kommunikation
18 %

n = 222 Befragte, die angegeben haben, dass sie in einem Content publizierenden Unternehmen arbeiten. Mehrfachauswahl möglich.

Die Vorteile des Contentmarketings werden noch deutlicher, wenn man sich die gedankliche Reise (Customer Journey) eines potenziellen Kunden vor Augen führt: vom Unwissenden zum Interessenten, zum Kunden und schließlich zum

Stammkunden Ihres Unternehmens. Diese Reise verläuft entlang bestimmter Wegmarken, die in enger Verbindung zu den oben genannten Zielen stehen und jeweils passende Inhalte erfordern.

- Zunächst ist Ihr potenzieller Kunde noch völlig unwissend. Er kennt Sie nicht. Er kennt Ihr Produkt nicht. Er weiß nicht, was man damit alles machen kann. Vielleicht weiß er noch nicht mal, dass er ein Problem hat, das Sie lösen können. An dieser Wegmarke sind Inhalte gefragt, die Innovationen vorstellen und Lösungen, die das Leben einfacher machen können. In der Regel trifft der Kunde eher zufällig auf Ihrer oder auf einer anderen Website auf diese Information, die ihn dann veranlasst, weiter zu recherchieren.
- Das Interesse ist geweckt, Ihr potenzieller Kunde verspürt den Wunsch, sich näher zu informieren. Er benötigt nun tiefergehende Informationen und sucht sich möglichst unabhängige Informationen und Expertenmeinungen. Er wird nun wahrscheinlich auch die Inhalte Ihrer Wettbewerber begutachten. Ihr Wettbewerb an dieser Stelle können andere Produkte zur gleichen Problemlösung sein oder einfach nur andere Anbieter.
- An der dritten Wegmarke kommt der potenzielle Kunde ins Nachdenken, er wägt nun ab, wie er sein Problem löst. Das ist die Stelle für Produktvergleiche, Ratgeber oder Anwenderberichte.
- An der vierten Wegmarke entscheidet sich der potenzielle Kunde: Er wägt Pro und Contra ab, holt Angebote ein und vergleicht Preise. Wenn Sie mit Ihrem Angebot erst an dieser Stelle ins Bewusstsein des Kunden dringen, spielt nur noch der Preis eine Rolle. Wer hingegen bereits an den drei Wegmarken zuvor die Chancen des Contentmarketings genutzt hat, genießt nun bereits einen Vertrauensvorschuss. Dieser Wettbewerbsvorteil lässt sich nur durch einen großen Preisunterschied ausgleichen. Je mehr Vertrauensvorschuss seitens des Kunden notwendig ist, desto mehr rechnet sich die Investition in Contentmarketing.
- Die fünfte Wegmarke ist die Kundenbindung. Nachdem er eine Lösung gekauft hat, sucht er nun eine Bestätigung dafür, dass seine Entscheidung

richtig war. Ihr Contentangebot könnte nun Tipps und Tricks zur Benutzung oder ähnliche serviceorientierte Informationen umfassen.

Wenn Sie sich diese Reise des Kunden vorstellen, werden Ihnen möglicherweise bestimmte Schwachstellen in Ihrer Internetpräsenz auffallen. Ich möchte es daher noch konkreter fassen: Lokal agierende Unternehmen können mit einer ausgefeilten Contentmarketingstrategie fünf Ziele erreichen, die ich im Folgenden näher erkläre.

Mehr Besucher auf Ihrer Website

Gute, informative Inhalte, die auf die Bedürfnisse der Zielgruppe eingehen und ihre Fragen beantworten, werden gerne geteilt und weiterempfohlen. Das können Links aus sozialen Netzwerken, Links von anderen Websites oder auch einfach Links aufgrund hoher Sichtbarkeit bei Suchmaschinen sein. All das beschert Ihnen stetig mehr Besucher, mehr Likes und mehr Links.

Geeignet sind dafür Texte, Bilder und Infografiken, die die wichtigsten Suchworte Ihrer Website aufgreifen (siehe Seite 16) und potenzielle Nutzerfragen bestmöglich beantworten. Überlegen Sie, ob Sie auf Ihrer Website einen Blog- oder Newsbereich einrichten, um dort in regelmäßigen Abständen Beiträge zu veröffentlichen.

Bessere Suchmaschinenposition

In Kapitel 1 habe ich bereits beschrieben, dass der Inhalt einer Website maßgeblich ist für deren Erfolg. Sie erzielen mit hochwertigem Content signifikant bessere Suchmaschinenpositionen. Suchmaschinen belohnen insbesondere holistischen Content (siehe Seite 27). Gemeint ist damit, dass ein bestimmter Themenkomplex umfassend beschrieben wird, anstatt einzelne Seiten für verschiedene Aspekte oder Keywords zu optimieren. Google erkennt inzwischen auch bei unterschiedlich formulierten Suchanfragen die eigentliche Absicht des Nutzers und zeigt entsprechende Ergebnisse an. Seiten mit holistischem Content erzeugen zudem bessere Nutzersignale, wie zum Beispiel eine längere Verweildauer.

Für holistischen Content eignen sich Texte, Bilder, Infografiken und Erklärvideos zu Ihren Produkten oder Dienstleistungen.

Zum lokalen Experten aufsteigen und Markenbekanntheit steigern

Die oben genannten Daten von Statista zeigen, dass die Steigerung der Marken- und Unternehmensbekanntheit das wichtigste Contentmarketingziel von Firmen ist. Durch regelmäßige Beiträge aus Ihrem Fachgebiet, die Ihren Interessenten einen Mehrwert bieten, werden Sie quasi automatisch zum Experten für Ihr Thema. Man wird Ihnen die notwendige – vor allem auch lokale – Kompetenz zusprechen, und Sie werden immer mehr Besucher, Follower und Fans bekommen. Der Expertenstatus, den Sie sich über die Jahre offline aufgebaut haben, wird zu ihrer „digitalen Reputation".

Geeignete Formate dafür sind fundierte und qualitativ hochwertige Texte in Ihrem Blog, Erklärvideos zu Ihren Produkten oder Dienstleistungen, Expertentipps in lokalen Onlinemedien und Vorträge vor lokalen Branchenverbänden, wie zum Beispiel IHK, Handwerkskammer oder Anwaltsverein, in Verbindung mit einer kurzen Onlineberichterstattung.

Konkrete Anfragen bekommen

Kernaufgabe Ihres lokalen Onlinemarketings ist und bleibt, dass Sie konkrete Anfragen, Anrufe, Bestellungen oder Buchungen für Ihr Geschäft bekommen! Wie eingangs erläutert, stellen wir dazu Ihr Unternehmen kurz zurück und widmen uns zunächst den Fragen, auf die Nutzer eine Antwort haben möchten. Ihren hochwertigen Content stellen Sie gegen eine kleine Gegenleistung zur Verfügung – das kann eine Newsletteranmeldung sein oder die Angabe der E-Mail-Adresse des Interessenten. Und schon haben Sie wieder einen potenziellen neuen Kontakt bekommen, der Ihnen sonst verborgen geblieben wäre.

Um dieses Ziel zu erreichen, eignen sich umfangreiche und qualitativ hochwertige Checklisten, Studien mit wertvollen und im besten Fall einzigartigen Ergebnissen, Do-it-yourself-Anleitungen und Erklärvideos zu Ihren Produkten oder Dienstleistungen.

Kunden lassen sich heute nicht mehr so einfach von angebotenen Produkten und Dienstleistungen überzeugen. Sie erwarten vielmehr in jeder Phase der Kaufentscheidung eine faire und hilfreiche Begleitung, um eine richtige Kaufentscheidung auf der Basis aller zur Verfügung stehenden Informationen zu treffen. Mit Contentmarketing können Sie jede Phase des Prozesses bedienen und so dafür sorgen, dass im besten Fall eine Neukundenbeziehung für Sie dabei herausspringt.

Vor dem Kauf Die Informationsphase bietet den ersten Anknüpfungspunkt für eine Neukundenbeziehung. In ihr können Sie sich mit themenrelevanten Blogbeiträgen, Erklärvideos, Checklisten (Worauf muss ich achten, wenn ich mir einen Mähroboter kaufen möchte?) oder Infografiken im Gedächtnis des Interessenten verankern.

Beim Kauf Der Kunde hat sich entschieden, doch sollte jetzt keineswegs das Motto gelten: aus den Augen, aus dem Sinn. Ihr Neukunde wird sich in jedem Fall an Sie erinnern, wenn Sie ihn mit seinem neuen Produkt nicht allein lassen: Eine perfekt durchdachte Aufbauanleitung, ein kleines Content-Goody, zum Beispiel eine kleine Broschüre zum Thema oder ein Ratgeber, verlängern das positive Kauferlebnis. Bei einem neuen Grill kann dies eine digitale Aufbauanleitung für das Handy oder Tablet sein oder ein Gutschein für ein Grillkochbuch bei der ortsansässigen Buchhandlung.

Nach dem Kauf Nach dem Kauf ist vor dem Kauf. Wenn Sie den Kunden in der ersten Phase begleitet und beim Kauf nicht allein gelassen haben, dann stehen die Chancen gut, dass er sich auch mit seinem nächsten Kauf- oder Beratungsanliegen an Sie wenden wird. Mit einem Blogbeitrag zum passenden Zubehör oder einer neuen Modellvariante können Sie das Interesse an weiteren Einkäufen wecken. Auch Ratgeber, Erklärvideos oder Checklisten für die Wartung des neuen Produkts sind in dieser Phase hilfreich.

8.2 Die wichtigsten Contentformate für lokale Unternehmen

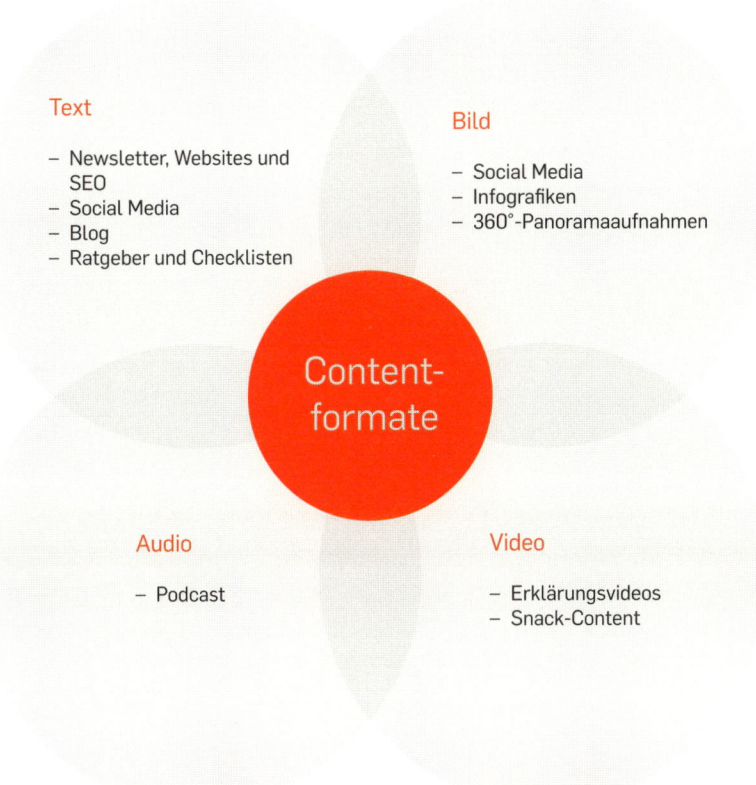

Text

– Newsletter, Websites und SEO
– Social Media
– Blog
– Ratgeber und Checklisten

Bild

– Social Media
– Infografiken
– 360°-Panoramaaufnahmen

Content-formate

Audio

– Podcast

Video

– Erklärungsvideos
– Snack-Content

Eine Contentmarketingstrategie sollte in erster Linie Inhalte hervorbringen, die für Ihre Kunden interessant, nützlich und unterhaltend sind. Denn nur dann werden sie sich mit den Inhalten beschäftigen, diese möglicherweise weiter-leiten und Sie und Ihr Unternehmen weiterempfehlen. Vermitteln lassen sich diese Inhalte über Texte, Bilder, Videos und Podcasts. Die Besonderheiten dieser verschiedenen Contentformate möchte ich Ihnen im Folgenden vorstellen.

Texte

Texte bilden gewissermaßen die Grundlage für das Contentmarketing. Ob für Website oder Blog, Newsletter, Ratgeber oder Checklisten: Überall werden Texte benötigt. Dabei sollte jeder Ihrer Texte ein Unikat sein. Bei meinen Kundenterminen stelle ich immer wieder fest, dass Texte von fremden Websites kopiert werden; ich rate Ihnen jedoch dringend: Tun Sie das nicht. Es ist zwar manchmal verlockend, einen fremden Text zu verwenden, aber Sie machen sich damit rechtlich angreifbar (Urheberrechtsverletzung) und Sie schaden sich selbst, weil Google das erkennt und Ihre Website abwertet. Das sollten Sie auf keinen Fall riskieren.

Das gilt übrigens auch für Texte, die von Lieferanten zur Verfügung gestellt werden. Sie erleichtern zwar die Arbeit, werden aber auch von Ihren Mitbewerbern genutzt. Wie wollen Sie da aus der Masse herausstechen?

Texte für Website, Suchmaschinen und Newsletter Für die Basis Ihres lokal digitalen Marketings, also Ihre Website, benötigen Sie gute Texte. Zum einen sind das die Texte, die sich an Ihre Kunden richten. Diese sollten aus kurzen, unkomplizierten Sätzen bestehen und selbstverständlich ansprechend und freundlich formuliert sein. Überlegen Sie sich auch, welche Informationen Ihre (potenziellen) Kunden von Ihnen erwarten könnten, denn die Vollständigkeit der Informationen ist ein wichtiger Erfolgsfaktor für Ihre Website.

Darüber hinaus benötigen Sie Texte für das Suchmaschinenmarketing, die ebenfalls von großer Bedeutung sind und professionell sein müssen (siehe Kapitel 3 und 4). Diese Texte werden Ihre Kunden bei der Suche über Suchmaschinen zu lesen bekommen.

Im Kapitel 9 gehe ich ausführlich auf E-Mail-Marketing ein. Dort erfahren Sie, was dabei zu beachten ist – von der Betreffzeile bis zum richtigen Versandzeitpunkt.

Texte für Social Media Für die unterschiedlichen Social-Media-Plattformen
gelten bezüglich Texten eigene Regelungen (siehe Kapitel 11). Ähnlich wie die
Texte zur Suchmaschinenoptimierung sollten sie kurz und knapp, aber dennoch verständlich sein. Bei Facebook ist es zwar durchaus üblich, auch längere
Texte zu verfassen, ab einer bestimmten Zeichenanzahl werden sie allerdings
mit Auslassungszeichen („…") abgekürzt. Dagegen bestehen die meisten Texte
auf Instagram oder Pinterest aus Hashtags (#), die das dem Post zugehörige Bild
oder Video in einzelnen Worten mit einem vorangestellten „#" beschreiben.
Diese Hashtags dienen dazu, die jeweiligen Inhalte besser auffindbar zu
machen. Auch auf Facebook können Hashtags eingesetzt werden, sie finden
dort aber eher selten Verwendung. Twitter wiederum lässt derzeit nur maxi-
mal 280 Zeichen zu. Texte für dieses Medium sind also eine Art Kür in Sachen
Contentmarketing, denn es ist eine echte Herausforderung, alle wichtigen
Aussagen in dieser Kürze unterzubringen.

Für alle Social-Media-Plattformen gilt: Ein gut geschriebener Text in Kombination mit einem Foto oder Video ist quasi unschlagbar. Entscheidend ist
dabei die Kombination – ohne Foto oder Video werden Inhalte deutlich seltener
wahrgenommen, gelikt oder geteilt.

> **Tipp:** Wie in Ihrer sonstigen geschäftlichen und privaten Kommunikation
> sollten Sie unbedingt auf korrekte Rechtschreibung achten. Nutzen Sie
> hierfür zum Beispiel die Website des Duden. Dort finden Sie auch Hilfe-
> stellung zur Zeichensetzung und zu weiteren Fragen des Sprachwissens.

Texte für Ihr Blog Ein Blog ist ein öffentlich geführtes Journal oder Tagebuch.
Der Begriff ist ein Kurzwort für Weblog (Web = Netz und Logbook = Logbuch).
Blogs werden meist dafür genutzt, um bestimmte Sachverhalte an eine breite
Zielgruppe zu vermitteln. Dabei kann es sich um Expertenwissen handeln,
aber auch um alltägliche Erfahrungen, Ideen oder Informationen zu bestimmten Themen. In der Gestaltung Ihres Blogs sind Sie völlig frei, doch auch dabei
sind gute Texte eine Grundvoraussetzung für den Erfolg.

Da es sich bei diesem Format um ein Tagebuch handelt, sollten Sie nicht in erster Linie Produkte mit Preisen bewerben. Gefragt sind vielmehr kleine Geschichten aus dem Alltag, die auf sympathische Art und Weise vermitteln, was Ihre Philosophie ist, was Sie anbieten und warum Ihre Kunden das bei Ihnen kaufen sollten. Gleichzeitig können Sie sich mit einem Blog als Experte etablieren und damit von Ihren Wettbewerbern abheben.

Welche Möglichkeiten sich bieten, möchte ich Ihnen anhand einiger Beispiele vorstellen.

- Als Handwerksbetrieb können Sie in Vorher-nachher-Beiträgen über aktuelle Projekte berichten und diese mit Fotos dokumentieren – sei es ein Bauprojekt, eine Gartenneugestaltung oder eine Heizungssanierung. Sie vermitteln dem Interessenten damit einen ersten Eindruck davon, wie Sie arbeiten. Das beweist nicht nur Ihre Kompetenz, sondern auch Transparenz: Sie lassen einen Blick hinter die Kulissen zu – Ihr Wettbewerber noch nicht!
- Anwälte können Ratsuchenden Tipps geben, indem sie Fallbeispiele schildern oder die aktuelle Rechtsprechung erläutern. Auch der Ablauf einer Erstberatung zu einem speziellen Thema kann beschrieben werden.
- Im Medizin- und Pflegesektor bietet ein Blog die Möglichkeit, bestimmte Behandlungsarten zu erklären.
- Modegeschäfte oder Friseure können modische Trends oder Bekleidung im Alltag vorstellen.
- Ein Blog im Bereich Gastronomie kann Rezepte enthalten, die dafür sorgen, dass Sie unabhängig von Ihren Öffnungszeiten eine Anlaufstelle sind. Kombinieren Sie Ihren Blogbeitrag mit der Möglichkeit, einen Tisch bei Ihnen zu reservieren.
- Softwarefirmen oder regionale IT-Services können über aktuelle IT-Themen berichten oder sich auf spezielle Themen, zum Beispiel Virenschutz, spezialisieren.
- Für alle Branchen gilt, dass ein Blog auch für die Personalsuche, das Employer-Branding (Ihre Marke als guter Arbeitgeber) und die Darstellung der

Unternehmenskultur genutzt werden kann. Stellen Sie Ihr Team vor – zeigen Sie offen und ehrlich, was Sie als Arbeitgeber auszeichnet und was Sie im Gegensatz zu anderen Unternehmen bieten.

Auch für Blogbeiträge gilt, dass sie möglichst einfach und unkompliziert geschrieben sein sollten. Es empfiehlt sich, alle Texte mit einigen Bildern aufzulockern. Damit legen Sie außerdem bereits einen Grundstein für Ihre Social-Media-Kommunikation, die häufig aus einem Bild und einem kurzen Teaser-Text besteht (siehe Kapitel 11). Inhalte aus Ihrem Blog können aber auch in anderen Kanälen, wie zum Beispiel in Newslettern, E-Books oder Onlinepräsentationen weiterverwendet werden. Diese zusätzlichen Möglichkeiten der Veröffentlichung können von großem Wert für Sie sein, da Sie damit ein anderes Zielpublikum erreichen. Sie dürfen allerdings nie vergessen, dass diese verschiedenen Formate auch Aufwand verursachen. Das Schreiben qualitativ hochwertiger Texte lässt sich nicht nebenbei erledigen, sondern benötigt Zeit.

Ratgeber und Checklisten Anleitungen, wie man etwas selbst machen kann, erfreuen sich großer Beliebtheit. Dahinter steckt die ureigene Motivation der Menschen, sich selbst helfen zu wollen. Ob sie das Projekt dann wirklich in Angriff nehmen oder erkennen, dass sie doch auf Ihre Hilfe angewiesen sind, ist zunächst einmal egal. Wichtig ist, dass Nutzer eine Hilfestellung zu ihrem Problem erhalten. Um eine Idee davon zu bekommen, was die häufigsten Fragen in Bezug auf Ihre Branche sind, nutzen Sie einfach eine Suchmaschine. Wenn Sie als Gartenbauer zum Beispiel „Ratgeber Rasen" bei Google eingeben, erfahren Sie, wonach Gartenfans suchen. Wenn Sie nun einen Ratgeber „Rasen anlegen" erstellen, können Sie sicher sein, dass Nutzer bei Ihnen landen werden. Oder Sie verfassen eine Checkliste mit den wichtigsten Tipps und Tricks, die es zu beachten gilt, wenn man einen Rasen anlegen möchte. Sicher wird der eine oder andere Besucher dann entscheiden, dass er seinen Rasen doch lieber von Ihnen anlegen lässt, statt selbst aktiv werden zu müssen.

Bilder

Bilder sind, wie Texte, ein wichtiges Aushängeschild für Ihr Geschäft. Gute Fotos werden immer gebraucht – ob zur Auflockerung von Blogbeiträgen oder zur Ergänzung von Posts in den sozialen Netzwerken: Inhalte mit Bildern erzeugen nachgewiesenermaßen die doppelte, teilweise sogar eine dreifach höhere Klickrate als reine Textbeiträge.

In Zeiten von Smartphonekameras sind Fotos schnell gemacht. Sie sollten jedoch unbedingt darauf achten, dass Ihre Bilder nicht verwackelt oder unscharf sind, denn Ihre Kunden merken, ob Sie sich Mühe geben und die Sache ernst nehmen.

Bilder für Social Media Mit Instagram und Pinterest gibt es zwei Social-Media-Kanäle, die auf die Dominanz von Bildern abzielen. Instagram gehört zum Facebook-Konzern und ist eine der am schnellsten wachsenden (Bilder-)Plattformen. 2019 wurde das Netzwerk bereits von einer Milliarde Menschen weltweit genutzt. Als besonders erfolgreich gelten die sogenannten Instagram Stories. Mit dieser Funktion können Sie eine Slideshow (Diashow) aus Fotos und Videos erstellen und bestimmte Inhalte besonders hervorheben. Mit der Instagram-App lassen sich Bilder und Videos aufnehmen und bearbeiten, indem man zum Beispiel Farbfilter anwendet oder Texte und Markierungen hinzufügt.

Mit pfiffig angelegten Bildern, die Ihr neu dekoriertes Ladenlokal, Ihre neuen Kanzleiräume oder die Highlights Ihrer Menükarte zeigen, ziehen Sie Kunden auf Ihre Website und erhalten somit zusätzlichen kostenfreien Traffic. Auch Fotos von Messen oder Konferenzen eignen sich gut zur Veröffentlichung. Die Nutzung von Instagram macht vor allem in Branchen Sinn, in denen es viel Bildmaterial gibt. So bietet ein Einrichtungshaus sicherlich mehr Fotomotive als eine Steuerberatung. Überlegen Sie daher vorher, ob Sie auf dieser Plattform regelmäßig etwas veröffentlichen können. Falls Sie Zweifel haben, beginnen Sie zunächst mit Facebook, um ein Gefühl für Ihre Inhalte zu bekommen. Der Schritt zu Instagram oder Pinterest kann später immer noch vollzogen werden.

Infografiken Grafisch aufbereitete visuelle Darstellungen können Wissen, zum

Beispiel aus einer Studie, kompakt, anschaulich und schnell erfassbar vermitteln. Sie sind deshalb so begehrt, weil sie innerhalb kürzester Zeit das Interesse des Betrachters wecken und die wesentlichen Aspekte einer komplexen Information hervorheben. Die große Bedeutung von Infografiken wird klar, wenn man sich bewusst macht, dass 1,7 Sekunden ausschlaggebend dafür sind, ob Ihre Botschaft im Internet angeschaut wird oder nicht. Um solche Grafiken erstellen zu können, müssen Sie nicht unbedingt eine teure repräsentative Studie in Auftrag geben. Vielmehr können Sie zum Beispiel als Fahrradhändler einfach die nächsten 50 E-Bike-Kunden nach ihrer Motivation zum Kauf fragen. Aus den fünf wichtigsten Gründen machen Sie eine ansprechende Infografik, und fertig ist die taufrische Nachricht für Ihre Website. Infografiken haben außerdem den angenehmen Nebeneffekt, dass sie gerne im Netz geteilt oder in den sozialen Netzwerken dem eigenen Freundeskreis angeboten werden. So ergibt sich ganz nebenbei auch noch die Möglichkeit, ein paar Neukunden zu gewinnen.

> Im QR-Code am Ende dieses Kapitels finden Sie kostenlose Software-Tools, die Ihnen dabei helfen, Infografiken zu erstellen ▣].

360-Grad-Panoramaaufnahmen Aneinandergereihte Einzelaufnahmen geben dem Betrachter die Möglichkeit, seinen Blick durch ein Panorama schweifen zu lassen – in der Horizontalen umfasst der Blickwinkel 360 Grad, in der Vertikalen 180. Eine Panoramaaufnahme Ihres Cafés, Ihrer Arztpraxis oder Ihres Showrooms macht Interessenten neugierig und unterstreicht gleichzeitig Ihre Kompetenz. Mittlerweile kann fast jedes Handy 360-Grad-Panoramaaufnahmen erstellen – dennoch sollten Sie auf bewährte Anbieter zurückgreifen, um eine gute Qualität der Bilder sicherzustellen. Der wohl bekannteste Dienst ist Google Business View. Er ermöglicht es sogar, sich zwischen verschiedenen Aufnahmen hin und her zu bewegen und so ganze Räume zu durchwandern. Das Ergebnis können Sie sowohl auf Google Maps und Google My Business als auch auf Ihrer Website einbinden.

Im QR-Code finden Sie eine Liste von Anbietern und Beispiele für 360-Grad-Panoramaaufnahmen [▦].

Videos

Bewegte Bilder bieten jede Menge Möglichkeiten, um über sich zu berichten. Die Bandbreite reicht von einem Imagevideo über Ihr Unternehmen, das Sie und Ihr Team zeigt, über regelmäßige Berichte aus Ihrem Tagesablauf bis hin zu Produkttests oder Erklärvideos. Der Vorteil von Videos ist, dass sie jederzeit wieder abrufbar sind und sich vor- und zurückspulen lassen. Das macht den Konsum für potenzielle Kunden angenehm und erhöht die Wahrscheinlichkeit, dass der Film mehrfach angesehen und weitergeleitet wird. Außerdem werden Videos mittlerweile in jeder Altersklasse genutzt und sind nicht nur für die junge Zielgruppe geeignet. Der Netzwerkausrüster Cisco schätzt, dass Videos im Jahr 2021 ganze 80 Prozent des weltweiten Datenverkehrs ausmachen werden. Das zeigt, welch enormes Potenzial in bewegten Bildern steckt. Zu den bekanntesten Plattformen in diesem Bereich zählen YouTube und Vimeo.

Videos selbst machen oder einkaufen? Zunächst sollten Sie überlegen, ob Sie sich die Produktion selbst zutrauen oder ob Sie eine Agentur damit beauftragen wollen. Grundsätzlich lässt sich sagen, dass Eigenproduktionen günstiger sind. Aufgrund mangelnder Erfahrung bei der technischen Umsetzung ist ihre Qualität allerdings häufig schlechter. Agenturen bringen in der Regel Erfahrung für den gesamten Produktionsprozess mit – von der Projektentwicklung über die Vorproduktion bis hin zu den Dreharbeiten und der Nachbearbeitung. Sie kennen Tricks und Kniffe, wissen, wie man Drehgenehmigungen einholt, Drehbücher schreibt, budgetiert, das Material schneidet und die vielen Beteiligten koordiniert. Auch die anschließende Vermarktung kann von einer Agentur übernommen werden. Letztlich ist all das eine Frage der Kosten. Für ein 30-Sekunden-Video über Ihr Unternehmen mit professionellen Sprechern und einem guten Storyboard müssen Sie mit Kosten zwischen 500 und 750 Euro rechnen. Sind Ihre ersten Videos produziert, können diese nahezu überall verwendet werden – auf Ihrer Website ebenso wie auf YouTube, Facebook, Instagram und Pinterest.

Neue Trends Wenn Sie noch einen Schritt weitergehen möchten, können Sie weitere technische Möglichkeiten nutzen. Ein neuer Trend in diesem Bereich sind 360 Grad- und Virtual-Reality-Videos. Diverse Unternehmen haben bereits Videos in diesen Formaten veröffentlicht, die dem Zuschauer zum Beispiel Produktionsanlagen oder Arbeitsplätze bis ins kleinste Detail zeigen. Der Zuschauer kann verschiedene Blickwinkel einnehmen und sich den laufenden Betrieb ansehen. Diese Formate sind reizvoll, weil sie den Zuschauer stark einbinden. Sie sind allerdings auch ziemlich teuer, weshalb Sie sich bei Interesse daran besonders gut informieren sollten.

Eine noch recht junge Disziplin ist der sogenannte Snack-Content. Wie der Name schon andeutet, handelt es sich dabei um kurze Videosequenzen, die schnell genießbar und extrem aufmerksamkeitsstark sind. Im Idealfall schaffen Sie es, Ihre Nutzer ab der ersten Sekunde in eine Videostory hineinzuziehen und Ihre Botschaft zu vermitteln. Snack-Content hat den Vorteil, dass er pfiffig gestaltet ist, deutlich weniger Budget benötigt als reguläre Videos und sich aufgrund seiner Kürze auf allen Social-Media-Kanälen verbreiten lässt. Für einen meiner Vorträge hat Franz Josef Baldus – einer der deutschen Wegbereiter von Snack-Content – in nur 30 Minuten ein Video von 13 Sekunden Länge erstellt. Es wurde innerhalb weniger Tage mehr als 1.000 Mal aufgerufen, und ich wurde nach dem Vortrag unzählige Male darauf angesprochen. Snack-Content wirkt – wenn er gut gemacht ist.

> **Sie finden mein Snack-Content-Video über den QR-Code zu diesem Kapitel – schauen Sie mal rein [▦].**

Podcasts
Unter Podcast versteht man einen Beitrag, der als Audiodatei im MP3-Format zur Verfügung gestellt wird. Der Name ist abgeleitet aus den Begriffen

„Pod" (in Anlehnung an den MP3-Player von Apple) und „to broadcast" (= senden). Der Vorteil gegenüber klassischen Radiosendungen besteht darin, dass der Zuhörer nicht an eine feste Sendezeit gebunden ist, sondern den Podcast aus dem Netz herunterladen und anhören kann, wann immer er will. Wenn Sie regelmäßig einen Beitrag aufnehmen, kann der Zuhörer Ihren Podcast außerdem bequem abonnieren und so auf dem Laufenden bleiben. Nach Angaben von Splendid Research hören 31 Prozent der Deutschen regelmäßig Podcasts. Die Burda-Marktforschungstochter Media Markt Insights und das Institut Rheingold Salon haben in einer Studie aus dem Jahr 2020 herausgefunden, dass Podcasts im Alltag gerne zu Übergangszeiten gehört werden: auf dem Weg zur Arbeit und nach Hause, am Abend, beim Autofahren, Putzen oder Kochen. Die Studie liefert auch interessante Aussagen zu Podcasts von Unternehmen: Demnach haben sie bei Nutzern dann eine Chance, wenn sie die Kernkompetenzen des Unternehmens widerspiegeln und nicht der Eindruck entsteht, dass damit einzig und allein der Absatz gefördert werden soll. Podcasts sind auch für lokale Unternehmen ein interessantes Contentformat. Ich möchte Ihnen das am Beispiel meines Freunds Christian Solmecke verdeutlichen, der parallel zu seinem extrem erfolgreichen YouTube-Kanal mit mehr als 500.000 Abonnenten in unregelmäßigen Abständen auch einen Podcast veröffentlicht. Er berichtet darin über aktuelle Urteile und Rechtstrends aus der Medienbranche. Der Erfolg, den er damit für seine Kanzlei WBS erreicht, ist beeindruckend. Hören Sie sich seinen Podcast doch einfach einmal an und überlegen Sie, worüber Sie in regelmäßigen oder auch unregelmäßigen Abständen berichten könnten. Probieren Sie es einfach mal aus!

Ähnlich wie bei Videos ist es auch bei Podcasts wichtig, ein Konzept zu entwickeln, das mit den Zielsetzungen Ihres Geschäfts übereinstimmt. Die Produktion entspricht in etwa der von Videos: Projektentwicklung, Vorproduktion, Aufnahme, Nachbearbeitung, Distribution. Die Kosten sind jedoch vergleichsweise überschaubar, und die Distribution erfolgt über gängige Plattformen wie Spotify, Deezer, Podcaster oder Soundcloud.

8.3 Die wichtigsten Tipps und Tricks für Ihr Contentmarketing

- Nehmen Sie sich Zeit, um zu überlegen, welche Ziele Sie mit Ihren Inhalten erreichen möchten. Mehr Besucher auf Ihrer Website? Bessere Positionen bei den Suchmaschinen? Einen lokalen Expertenstatus? Oder einfach nur mehr Anfragen und Kontakte? Das Ziel muss klar sein, bevor Sie starten.
- Kalkulieren Sie, wie viel Kapazität Ihnen zur Umsetzung zur Verfügung steht. Nehmen Sie sich für den Anfang nicht zu viel vor, und gehen Sie lieber kleine Schritte. So bekommen Sie ein Gespür dafür, was Sie wirklich brauchen und ob Sie es leisten können.
- Entscheiden Sie, welche Kanäle (Website, Social Media oder Newsletter) sich für Ihre Inhalte eignen und mit welchem Aufwand Sie beginnen möchten.
- Denken Sie daran, dass Sie Ihre Contentstrategie auch auf Ihre Offlinekommunikation übertragen. Weisen Sie auch auf Flyern, Prospekten und in Anzeigen in den Gelben Seiten zum Beispiel mit QR-Codes auf Ihre digitalen Mehrwerte hin. Das bringt weitere Besucher und unterstreicht Ihre Kompetenz!
- Je interessanter und spannender Ihr Content für die Zielgruppe ist, desto höhere Reichweiten können Sie erzielen. Fragen Sie Ihre Kunden, was sie interessieren würde, falls Sie einen Mangel an Ideen verspüren. Dem Kunden zeigt dies außerdem, dass Sie sich für ihn interessieren.
- Entscheiden Sie, ob Sie den gesamten Content selbst produzieren wollen oder sich zum Beispiel bei Videos, Podcasts oder Bildern von einer Agentur unterstützen lassen. Beides hat Vor- und Nachteile.
- Achten Sie beim Einkauf externer Spezialisten darauf, dass Ihre Inhalte immer möglichst authentisch bleiben und nichts zeigen, was nicht existiert. Ihre Kunden werden die Diskrepanz schnell feststellen und als „merkwürdig" empfinden.

- Achten Sie bei allen produzierten Inhalten stets auf eine möglichst hohe Qualität – Sie sind der Experte und haben einen guten Ruf zu verlieren.
- Wenn Sie die ersten Inhalte veröffentlicht haben, sollten Sie nicht vergessen, die Erfolge zu messen. Nur so können Sie aus möglichen Rückschlägen lernen und Ihre Maßnahmen entsprechend anpassen.
- Das Zentrum zur Verteilung Ihrer Inhalte sollte immer Ihre Website bleiben. Videos, die Sie bei YouTube posten, müssen auch auf Ihrer Website zu finden sein, damit die zusätzliche Reichweite auch wirklich Ihnen zugutekommt.

Quickstarter –
mit gutem Content überzeugen

#1 Verkaufen Sie noch, oder überzeugen Sie schon?

Contentmarketing darf nicht nur nette, auf den Absatz optimierte Texte und Bilder liefern. Es geht vielmehr darum, Texte, Bilder, Videos und Podcasts so einzusetzen, dass Ihre Kunden authentisch von Ihren Leistungen und Ihrer Kompetenz überzeugt werden. Plumpe Werbetexte funktionieren nicht mehr – mehrwertstiftende Informationen, die dem Kunden Antworten auf Augenhöhe liefern, sind das Mittel der Wahl. Tun Sie sich den Gefallen und überprüfen Sie Ihre Website – liefern Sie diese Antworten schon?

#2 Bedienen Ihre Contentangebote die Customer Journey?

Ist Ihre Contentstrategie heute schon so aufgebaut, dass die gedankliche Reise eines potenziellen Kunden entlang definierter Wegmarken vom Unwissenden zum Interessenten, zum Kunden und schließlich zum Stammkunden für Ihr Unternehmen begleitet wird? Wenn ja, dann sind Sie wirklich gut aufgestellt, falls nein, dann sollten Sie diese Reise einmal durchspielen. Binden Sie einen neutralen Dritten ein und beobachten Sie, ob er Antworten auf alle seine Fragen erhält. Wenn nicht, wissen Sie, wo Sie zuerst ansetzen müssen.

#3 Contentmarketing lädt zum Ausprobieren ein

Es gibt nicht „den goldenen Weg" für das perfekte Contentmarketing. Je nach Unternehmen sind gute Texte und Bilder vielleicht schon vollkommen ausreichend. Vielleicht sind Ihre Kunden aber auch eher über Videos, Checklisten oder Ratgeber von Ihrer Kompetenz zu überzeugen. Oder Sie kommen besser mit pfiffigen Snack-Contents an neue Kunden. Ich möchte Sie ermutigen, auch einmal mehr als nur Texte und Bilder auszuprobieren und zu messen, mit welcher Contentstrategie Sie die größte Resonanz erzielen.

9 E-Mail-Marketing

E-Mail-Marketing ist out? Ganz im Gegenteil – es ist einer der effektivsten und günstigsten Wege, um an allen Suchmaschinen und Portalen vorbei einen direkten Kontakt zu Bestands- oder Neukunden aufzubauen. Hier zeige ich Ihnen, was Sie dafür benötigen und wie Sie morgen starten können.

Wenn ich meine Kunden frage, ob sie E-Mail-Marketing für ihr lokales Geschäft nutzen, höre ich oft Einwände wie: „Wir machen jetzt Social-Media-Marketing – E-Mail-Marketing ist out" oder „Viel zu kompliziert, und seit der DSGVO eh tot" oder „Messengermarketing hat das Ganze doch eh längst abgelöst". Die Fakten sprechen jedoch nach wie vor eine andere Sprache, und kaum ein anderer Onlinemarketingkanal eignet sich besser, um Bestandskunden und potenzielle Neukunden anzusprechen!

Die Marketingplattform Sendinblue hat herausgefunden, dass etwa jeder vierte Empfänger einen E-Mail-Newsletter öffnet. Und von den Nutzern, die einen Newsletter geöffnet haben, klicken wiederum 17 Prozent einen Link für weitere Informationen oder ein Produktangebot in einem Onlineshop an. Das entspricht einer Klickrate von 4,3 Prozent bei nahezu null Kosten. Zum Vergleich: Eine durchschnittliche Google Ads-Kampagne erzielt ebenfalls eine Klickrate zwischen drei und vier Prozent – jedoch zu signifikant höheren Kosten! Denn für das E-Mail-Marketing fallen nur wenige Euro pro Monat an – je nachdem, wie viele Abonnenten man in seinem System verwaltet. Kein Wunder also, dass nach einer aktuellen Studie der Firma Absolit 95 Prozent der 5.000 Topunternehmen aus dem deutschsprachigen Raum aktives E-Mail-Marketing betreiben.

9.1 Die wichtigsten Tipps und Tricks für Ihr E-Mail-Marketing

Verteiler als Grundlage

Ohne ihn geht nichts: Bevor Sie mit dem E-Mail-Marketing starten, brauchen Sie natürlich einen E-Mail-Verteiler. Er muss zunächst einmal auch nicht besonders groß sein, denn er wächst im Lauf der Zeit. Wichtig ist hingegen, dass Sie sich überlegen, ob für Ihre Zielgruppen ein Verteiler reicht, oder ob es unter Umständen Sinn ergibt, mehrere Verteiler für spezielle Zielgruppen zu erstellen. Bedient Ihr Geschäft zum Beispiel sowohl Endkunden als auch Unternehmen, könnte eine solche Unterteilung sinnvoll sein, denn Ihre Endkunden interessieren sich vermutlich für andere Themen als Unternehmen, die selbst Endkunden beliefern.

Unabhängig davon, ob Sie eine Unterteilung vornehmen oder nicht, sollten Sie darauf achten, dass Ihr E-Mail-Verteiler immer „sauber" ist. Damit meine ich vor allem die Einhaltung der Datenschutzregeln (siehe Seite 37 und Seite 206).

Bei der Anmeldung zu Ihrem Newsletter dürfen Sie vom Empfänger ausschließlich jene Daten erheben, die für den Newsletterversand wirklich notwendig sind. Das ist streng genommen nur die E-Mail-Adresse. Weitere Informationen wie Anrede, Vor- und Nachname oder Interesse an bestimmten Produkten oder Leistungen dürfen keine Pflichtfelder sein. Die Zustimmung Ihrer Nutzer zum Erhalt des Newsletters sollten Sie dokumentieren. Wenn Sie eine Newslettersoftware verwenden, ist diese Dokumentation meistens enthalten. Um die Transparenzrichtlinien zu erfüllen, sollten Sie Ihrem neuen Newsletterabonnenten unter dem Anmeldeformular einen Link zu Ihrer aktuellen Datenschutzerklärung anbieten und ihn darüber aufklären, was mit seinen Daten passiert.

Eine Liste von Newslettersoftwareanbietern finden Sie im QR-Code zu diesem Kapitel [▓].

Damit Ihr E-Mail-Verteiler stetig wächst, sollten Sie keine Möglichkeit außer Acht lassen, auf Ihren Newsletter hinzuweisen, zum Beispiel in Ihrem E-Mail-Abbinder, auf Briefpapier, Visitenkarten, Flyern und Kassenzetteln, in Broschüren und Katalogen. Sie können natürlich auch alle Social-Media-Kanäle für Hinweise nutzen! Wenn Sie neben Ihrem Hinweistext noch einen Link einbauen oder einen QR-Code, der direkt zur Anmeldeseite Ihres Newsletters führt, machen Sie es Ihrem neuen Abonnenten besonders einfach.

Als Hinweistext reichen einfache Aufforderungen wie: „Kennen Sie schon unseren Newsletter?", „Bleiben Sie immer informiert, melden Sie sich zu unserem Newsletter an!" oder „Vorteilsangebote für unsere Newsletterabonnenten immer zuerst – jetzt schnell eintragen!"

Wenn Sie Ihren Newsletter über Ihr E-Mail-Programm und nicht über eine Newslettersoftware versenden, achten Sie unbedingt darauf, die Adressen Ihrer Abonnenten ausschließlich in BCC zu setzen. Andernfalls ist der gesamte Verteiler für alle Ihre Kunden sichtbar. Sie wollen jedoch weder Ihr Geschäftsgeheimnis preisgeben, noch wollen Sie sich den Unmut Ihrer Kunden zuziehen, wenn diese sich in einer offenen Liste wiederfinden; zudem wäre es ein eklatanter Verstoß gegen die DSGVO.

Betreff des Newsletters

Sie kennen das aus eigener Erfahrung: Zeitungs- oder Onlineartikel mit interessanter Überschrift lesen Sie eher als solche mit langweiligen und wenig aussagekräftigen Titeln. Dies gilt auch für Ihren Newsletter: Je gelungener die Überschrift, also der Betreff, desto eher werden die Empfänger die E-Mail öffnen. Die Kunst besteht darin, alle Inhalte des Newsletters anzureißen und dabei trotzdem kurz und bündig zu bleiben. Im Fall eines Steuerberaters wäre es zum Beispiel äußerst unattraktiv, im Betreff „Mandantenrundbrief Nr. 13" anzugeben, während die Überschrift „Lust auf eine saftige Steuerrückerstattung – mit den neuen Richtlinien klappt das auch für Sie!" dazu anregen würde, die E-Mail zu öffnen.

> Tipp: Bleiben Sie bei der Wahrheit und gaukeln Sie Ihren Kunden im Betreff keine Versprechen vor, die der Newsletter nicht halten kann. Sie dürfen aber mit der Überschrift durchaus etwas kokettieren – am besten probieren Sie unterschiedliche Versionen aus und schauen sich die jeweiligen Öffnungsraten an. Daran erkennen Sie ganz deutlich, was Ihre Kunden lesen wollen.

Absender

Je persönlicher der Absender, desto besser die Kundenbeziehung. Auf diese kurze Formel lässt sich das Thema Absender reduzieren. Natürlich können Sie auch „Anwaltskanzlei XY" oder „Fitnessstudio Z" als Absender verwenden. Doch in der Regel treten Menschen gern mit Menschen in Kontakt. Nutzen Sie also die Chance, mit Ihren Kunden auf Augenhöhe zu kommunizieren, indem Sie den Newsletter unter Ihrem eigenen Namen versenden. Auch wenn Mitarbeiter den Newsletter für Sie schreiben, sollten Sie als Chef Ihres Unternehmens der Absender sein.

Ansprache

Falls Sie nicht nur über die E-Mail-Adresse Ihrer Kunden verfügen, sondern auch über deren vollständige Namen, sollten Sie die Möglichkeit nutzen, Ihre Kunden persönlich anzusprechen. Auf diese Weise vermeiden Sie den Eindruck, es handele sich um ein massenhaft verschicktes Schreiben. Jeder fühlt sich geschmeichelt, wenn er persönlich angesprochen wird und nicht das Gefühl hat, Teil einer Masse zu sein.

> **Tipp: Bei Newsletter-Tools wie zum Beispiel Mailchimp haben Sie die Möglichkeit, Ihre Kunden automatisch zu personalisieren. Falls Sie mit Ihrer Website auf WordPress setzen (siehe Seite 39), können Sie dafür das Plug-in Mailpoet einsetzen, das ebenfalls verschiedene Einstellungen bietet.**

Content

In Kapitel 8 habe ich bereits die wichtigsten Punkte zum Thema Contentmarketing aufgelistet. Damit Ihre Kunden den Newsletter auch beim nächsten Mal wieder öffnen, müssen Ihre Inhalte interessant sind. Optimal wäre außerdem, wenn Ihr Newsletter auch immer eine Handlungsaufforderung (Call to Action) enthalten würde. Sie können Ihre Kunden zum Beispiel bitten, eine Bewertung für Ihr Geschäft abzugeben oder sich für eine Veranstaltung anzumelden. Auch eine Aufforderung, Ihrem Unternehmen in den sozialen Netzwerken zu folgen, oder die Reservierung eines Angebots kommen infrage. Wenn Sie ein Produkt oder eine Dienstleistung anbieten möchten, bei der es darauf ankommt, dass sich der Nutzer erst einmal einen Überblick verschaffen kann, bieten Sie ihm einen kostenfreien Test für 30 Tage an. Wenn Sie als Autohaus den Verkauf eines neuen Modells voranbringen möchten, können Sie Ihre Kundschaft ermuntern, einen Termin für eine Probefahrt zu vereinbaren. Als Heizungsbauer zeigen Sie mit dem Hinweis „Abo ohne Risiken monatlich kündbar", dass ihr Wartungsvertrag keine Abofalle ist, sondern ein faires Angebot. Als Feinkostladen können Sie Ihr Geschäft ankurbeln, wenn Sie Ihre Kunden auffordern: „Jetzt anmelden und jeden Monat ein köstliches Rezept mit Einkaufsliste sichern." Ihrer Fantasie sind keine Grenzen gesetzt. Aber wie immer gilt die Regel: Weniger ist mehr. Bei allzu überladenen Newslettern kann der Schuss auch nach hinten losgehen, und die Kunden werden eher abgeschreckt. Um zu verhindern, dass Ihr Newsletter einer trostlosen Textwüste gleicht, nutzen Sie Bilder, um ihn etwas aufzulockern.

> **Tipp:** Fragen Sie sich bei der Erstellung des Newsletters immer, welche Inhalte aus Sicht Ihrer Kunden einen Mehrwert bieten. Es schadet auch nicht, wenn Sie nicht nur Ihr eigenes Angebot bewerben, sondern auch mal Links zu themenverwandten Seiten einbauen. Nur wenn Ihre Kunden die Inhalte als nützlich erachten, werden Sie Ihnen treu bleiben – sowohl als Abonnenten des Newsletters als auch als echte Umsatzbringer.

Abmeldung ermöglichen

Ihr Newsletter sollte einen Link zur Abmeldung des Newsletters enthalten. Machen Sie es Ihren Abonnenten so leicht wie möglich – vergraulte Kunden sind schwieriger wiederzugewinnen als solche, die im Guten gegangen sind.

> **Tipp:** Sie können auf der Seite zur Abmeldung die Frage einbauen, warum der Kunde den Newsletter künftig nicht mehr erhalten möchte. Aus

der Antwort lassen sich unter Umständen Schlüsse ziehen, wie Sie Ihr E-Mail-Marketing verbessern können.

Newsletter testen

Nichts ist unangenehmer als Rechtschreibfehler oder Links, die nicht funktionieren. Um Ihren Kunden den bestmöglichen Eindruck zu vermitteln, ist es wichtig, den Newsletter vor dem Versand zu prüfen. Das Vier-Augen-Prinzip ist hilfreich, um nichts Wesentliches zu übersehen oder zu vergessen. Senden Sie Ihren Newsletter also zunächst an enge Vertraute und Mitarbeiter mit der Bitte, ihn zu korrigieren. Wenn Sie die Korrekturen vorgenommen haben, testen Sie ihn noch einmal. Erfahrungsgemäß schleichen sich in Newsletter viele Fehler ein, die vermeidbar gewesen wären.

Tipp: Achten Sie darauf, dass Ihr Newsletter auch auf Smartphones – vielleicht sogar auf Tablets – funktioniert. Viele Menschen lesen Texte, während sie unterwegs sind. Allzu häufig sind Newsletter zwar gut gemacht, aber nicht für mobile Geräte geeignet. Denken Sie daran: Der erste Eindruck zählt. Eine zweite Chance ist schwer zu bekommen.

Versandzeitpunkt

Im Prinzip ist es natürlich egal, zu welchem Zeitpunkt Sie Ihren Newsletter versenden. Er liegt zunächst im Posteingang Ihrer Kunden, und diese können ihn öffnen und lesen, wann sie wollen. Dennoch gibt es Zeiten, die tendenziell ungünstiger sind. Dies hängt davon ab, ob sich Ihr Newsletter an gewerbliche Kunden (Business-to-Business, B2B) oder an Endverbraucher (Business-to-Consumer, B2C) richtet. Da sich gewerbliche Adressaten eher zu den regulären Arbeitszeiten im Büro, in der Kanzlei oder im Ladenlokal aufhalten, ist es sinnvoll, den Newsletter während der regulären Öffnungszeiten zu versenden. Einen Versand am Montag sollten Sie allerdings vermeiden, da das Postfach dann zumeist voll ist und in der Regel schnell abgearbeitet wird. Ihr Newsletter droht dann unterzugehen. Das Gleiche gilt für den Freitagnachmittag, wenn das Postfach vor dem anstehenden Wochenende noch schnell geleert wird. Ich empfehle deshalb, einen B2B-Newsletter dienstags bis donnerstags zwischen 10 und 12 Uhr oder zwischen 13 und 16 Uhr zu versenden. In diesen Zeitfenstern sind die wichtigsten Aufgaben des Tages erledigt, und man ist gerne bereit, einen Newsletter zu lesen.

Sie können es sich schon denken – für Endverbraucher sind andere Zeitpunkte ideal: Sie lesen Newsletter sehr gerne morgens oder abends, auf dem Weg zur Arbeit oder auf dem Heimweg. Und das Wochenende hat bei B2C-Kunden ebenfalls eine andere Bedeutung. Es wird gern genutzt, um sich mit privaten Dingen zu beschäftigen und auf interessante Newsletter zu reagieren. Die folgende Grafik gibt Ihnen einen Überblick über den richtigen Zeitpunkt:

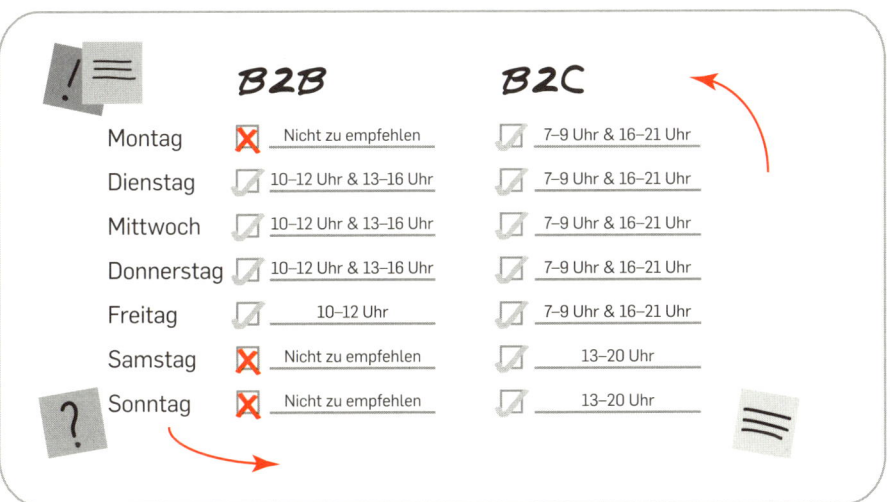

	B2B	B2C
Montag	✗ Nicht zu empfehlen	7–9 Uhr & 16–21 Uhr
Dienstag	10–12 Uhr & 13–16 Uhr	7–9 Uhr & 16–21 Uhr
Mittwoch	10–12 Uhr & 13–16 Uhr	7–9 Uhr & 16–21 Uhr
Donnerstag	10–12 Uhr & 13–16 Uhr	7–9 Uhr & 16–21 Uhr
Freitag	10–12 Uhr	7–9 Uhr & 16–21 Uhr
Samstag	✗ Nicht zu empfehlen	13–20 Uhr
Sonntag	✗ Nicht zu empfehlen	13–20 Uhr

Tipp: Um ein Gefühl für Ihren Newsletter zu entwickeln, sind Statistiken hilfreich, die Tools wie Mailchimp, Mailpoet oder CleverReach bieten. Unter anderem zeigen sie an, wie häufig Ihr Newsletter geöffnet wurde und wie hoch die Klickraten waren. Orientieren Sie sich an diesen Werten, um Ihre Reichweite zu erhöhen.

Überschriften, die funktionieren

Ob für Newsletter, Social-Media-Posts oder Blogs – eine Textüberschrift sollte Kunden neugierig machen. Um das zu erreichen, kann sie zum Beispiel darauf hinweisen, wie sich etwas Kompliziertes einfach umsetzen lässt, wie andere Menschen ein Problem gelöst haben, worauf man unbedingt achten sollte oder wie ein Experte die Sache angehen würde. Die folgenden Tipps sorgen dafür, dass Ihre Kunden den Eindruck haben, etwas zu verpassen, wenn sie Ihren Newsletter-Artikel nicht lesen.

Listen Menschen lieben Listen. Ob To-do-Listen oder klassische Einkaufs- listen – das Abhaken scheint uns Freude zu bereiten. Als Arzt können Sie Ihren Patienten zum Beispiel Checklisten für Vorsorgeuntersuchungen anbieten. Oder Sie listen auf, welche Unterlagen sie zum Arztbesuch mitbringen sollen. Die Möglichkeiten von Listen sind nahezu unbegrenzt. Die Art der Liste kann Ihre Überschrift sein.

Wieso, Weshalb, Warum? Stellen Sie eine originelle Frage in der Überschrift. Antworten auf Fragen sind fast so beliebt wie Listen. Letztlich ist doch jeder neugierig zu erfahren, warum der Ölstand am Auto regelmäßig kontrolliert werden sollte, weshalb Hamster auf keinen Fall Schokolade essen sollten und wie sich für relativ wenig Geld eine Luxusreise organisieren lässt. Als Kfz-Werkstatt, Zoohandlung oder Reisebüro können Sie diese Fragen leicht beantworten. Seien Sie kreativ, stellen Sie sich eigene Fragen und forschen Sie nach, wenn Sie etwas selbst nicht wissen.

Anleitungen Geben Sie Ihren Kunden kurze Anleitungen an die Hand. Als Installateur erklären Sie, was bei einem Wasserschaden als Erstes zu tun ist, als Friseur geben Sie Tipps zum Haarefärben, als Akustiker empfehlen Sie Maßnahmen zum Schutz der Ohren, als Anwalt erteilen Sie Ratschläge, was bei einer Patientenverfügung zu beachten ist.

Das Geheimnis der Frische von ... Bio-Fleisch aus der Region interessiert die Kunden des Metzgers. Lüften Sie das Geheimnis, woran man einen guten Friseur erkennt, oder verraten Sie als Gemüsehändler, wie der perfekte Obstsalat gelingt. Lassen Sie Ihre Kunden von Ihrer Expertise profitieren. Sie werden es Ihnen danken und nicht nur gerne immer wieder Ihre Website besuchen, sondern auch Ihr Ladenlokal.

Wie Sie mit dieser Methode ganz einfach ... Ihren Garten auf Vordermann bringen, Geld bei der Versicherung sparen, jeden Morgen frisch aussehen oder wie Ihre Wäsche noch weißer wird. Es gibt viele Methoden, die Ihre Kunden noch nicht kennen. Teilen Sie Ihr Wissen und setzen Sie dafür diese passende Überschrift ein.

Quickstarter –
schnell Kundenbindung erzielen

#1 E-Mail-Marketing strategisch angehen

Ich bleibe dabei: E-Mail-Marketing ist eine der besten Möglichkeiten, um mit Stammkunden und potenziellen Neukunden in direkten Kontakt zu treten und eine gute Kundenbindung zu erreichen. Kein anderes Onlinemarketinginstrument hat eine so starke Resonanz wie gutes E-Mail-Marketing. Aus diesem Grund möchte ich Sie bitten, diese Kerndisziplin strategisch anzugehen und heute zu überlegen, worüber Sie Ihre Kunden morgen informieren könnten. Haben Sie schon eine Idee?

#2 Software hilft, die Flut zu bewältigen

Zehn E-Mail-Adressen lassen sich noch gut mit dem eigenen E-Mail-Programm beherrschen – bei 1.000 E-Mail-Adressen hört der Spaß auf. Ich empfehle, eine Software zu nutzen, die Ihnen den gesamten Prozess von der Abonnentenverwaltung über den Versand bis hin zur Statistik abnimmt. Diese Tools kosten zum Beispiel für die Handhabung von 1.000 E-Mail-Empfängern weniger als 100 Euro pro Monat. Außerdem sind die Anbieter darauf spezialisiert, den Newsletterservice direkt mit Ihrer Website zu verbinden und die gesetzlichen Vorgaben zu erfüllen. [⬛].

#3 Newslettermarketing ist kein Sprint

Natürlich können Sie Ihren ersten Newsletter schnell auf den Weg bringen – aber was kommt dann? Machen Sie es wie beim Langstreckenlauf: Überlegen Sie, wie Sie Ihr Newslettermarketing kontinuierlich in Ihr lokal digitales Marketing einbinden. Erstellen Sie einen Redaktionsplan, der festlegt, welcher Newsletter zu welchem Thema wann rausgehen soll. So behalten Sie den Überblick und zeigen Ihren Kunden, dass Sie ständig am Ball sind.

10 Messenger-marketing

Das Marketing über Messenger wie WhatsApp und Co. ist noch eine relativ junge Disziplin. Dabei sind spezielle Regeln zu beachten, wenn man erfolgreich sein will. Lesen Sie hier, welche Vorteile Messenger für das lokale Marketing und die direkte Kundenkommunikation haben können.

Messengerdienste sind immer noch so etwas wie der letzte Schrei im lokal digitalen Marketing. Zwar gibt es sie eigentlich schon sehr lange, doch hat ihre Verbreitung in den vergangenen Jahren so stark zugenommen, dass sie auch aus der Kundenkommunikation nicht mehr wegzudenken sind. Sie kennen sicherlich den Vorgänger heutiger Messengerdienste: die SMS. Sie ermöglichte jedoch nur ein Austausch zwischen zwei Personen, während mit Kurznachrichtendiensten wie WhatsApp, Facebook Messenger, Skype etc. mehrere Menschen gleichzeitig miteinander in Kontakt treten können. Außerdem lassen moderne Messenger-Apps die schnelle Versendung von Bildern, Videos und Sprachnachrichten zu.

Ein kurzer Blick nach China reicht, um zu erkennen, welchen Einfluss Messengerdienste künftig haben werden – auch in Europa und vor allem im lokalen Marketing. In der Volksrepublik nutzen unzählige Menschen den beliebten Dienst WeChat nicht nur für die Kommunikation mit Familie und Freunden, sondern organisieren damit quasi ihr ganzes Leben: Über die WeChat-App Taxis, Essen und Veranstaltungstickets zu bestellen ist genauso normal wie Arzttermine, Hotels, Restaurants oder Reisen zu buchen, Spiele zu spielen, einzukaufen und Rechnungen zu bezahlen.

Die Verbreitung von Messenger-Apps auf nahezu allen Smartphones weltweit hat das Nutzerverhalten stark verändert. Da so gut wie jeder Mensch jederzeit und überall über seinen Messenger zu erreichen ist, steigt auch die Vielfalt der technischen Möglichkeiten ständig. Die meisten Anbieter verfügen außerdem über eine Web-Oberfläche, mit der Sie Ihren Messenger im geschäftlichen Alltag auch bequem an Ihrem Computer nutzen können – Sie müssen also nicht alle Nachrichten auf Ihrem Smartphone verfassen.

Den oder die Messenger Ihrer Wahl können Sie direkt in Ihre Unternehmensangebote wie Ihre Website, E-Mails oder andere soziale Netzwerke integrieren. In Printmedien können Sie Ihre Erreichbarkeit via Messenger mithilfe eines QR-Codes bekannt machen.

10.1 Warum Messengermarketing für lokale Unternehmen spannend ist!

Zum Potenzial von Messengermarketing hat Greven Medien 2019 eine Umfrage in Auftrag gegeben. Von den befragten 2.000 Männern und Frauen aller Altersklassen nutzten mehr als die Hälfte (56 Prozent) mehrmals täglich Messengerdienste. Frauen lagen mit 61 Prozent vor Männern mit 52 Prozent. In der Altersgruppe zwischen 18 und 24 Jahren griffen sogar 79 Prozent der Befragten mehrmals täglich auf Messengerdienste zurück. Aber Achtung: Mehr als die Hälfte (58 Prozent) zeigte sich skeptisch, was den Empfang von werblichen Angeboten über Messengerdienste betraf. Zwar war es knapp einem Viertel der Umfrageteilnehmer wichtig, Push-Nachrichten mit neuen Meldungen direkt auf das Smartphone zu erhalten. Doch legten lediglich sechs Prozent Wert darauf, Newsletter von Unternehmen zu erhalten oder Blogs zu abonnieren. Das erklärt auch, warum der bekannteste und in Deutschland beliebteste Messengerdienst WhatsApp ebenso wie der Facebook Messenger seit Dezember 2019 keinen Newsletterversand mehr ermöglicht. Für viele Unternehmen war diese Entscheidung schmerzlich, denn mit Öffnungsraten von teilweise mehr als 70 Prozent ließ diese Form des Marketings die Kassen von manch einem Onlinehändler kräftig klingeln. Gleichzeitig entwickelten sich Messenger zu Spam-Kanälen voll unerwünschter Nachrichten, und findige Wahlkampfmanager in mehreren Ländern nutzten die Möglichkeit, auf diese Weise millionenfach gezielte Fake-News zu versenden, um das Wählerverhalten zu manipulieren. Aber damit ist nun Schluss. WhatsApp erklärt auf seiner Seite: „Unsere Produkte sind nicht für Massen- oder automatisierte Nachrichten bestimmt. Beides war schon immer ein Verstoß gegen unsere Nutzungsbedingungen."

Newsletter sind jedoch bei Weitem nicht die einzige Möglichkeit, Messengerdienste für Ihr lokales Marketing zu nutzen. Sehr viel wichtiger ist die Bedeutung dieser Apps für den Kundenservice! Das Marktforschungsinstitut Gartner prognostiziert, dass die Relevanz von Messengerdiensten im

Kundenservice bis 2022 weltweit um 250 Prozent wachsen wird. Telefon und E-Mail werden demnach im selben Zeitraum deutlich an Bedeutung verlieren. Mit anderen Worten: Es gibt kaum ein anderes Werkzeug, mit dem Sie Ihre Kunden so punktgenau an der Stelle abholen können, wo sie sich ohnehin aufhalten. Die wichtigsten Vorteile von Messengerdiensten im lokalen Marketing und Kundenservice möchte ich Ihnen im Folgenden nennen:

- Messengermarketing ist die direkte Service- und Supportschnittstelle zu Ihren Kunden. Nutzen Sie diesen direkten Draht. Sie erhöhen damit die Zufriedenheit des Kunden und zeigen, dass Sie es ihm so einfach wie möglich machen, mit Ihnen in Kontakt zu kommen.
- Messengerdienste bieten Ihnen automatisierte Standardbenachrichtigungen bei Anfragen, Bestellungen oder Beschwerden Ihrer Kunden.
- Bilder, Videos, Audios und PDF-Dokumente (zum Beispiel zur Bewerbung tagesaktueller Angebote von Restaurants, Hotels oder Immobilienmaklern) können einfach eingebunden werden. In Problemfällen können Kunden und Supportmitarbeiter Fotos oder andere Informationen austauschen und zielgenau kommunizieren.
- Messengerdienste unterliegen keinem Algorithmus, der die Inhalte filtert. Es landen also keine Nachrichten im Spamordner.
- Sie sind einfach zu handhaben, und der Aufwand ist vergleichsweise gering. So ist keine aufwendige Konfiguration wie bei einem Newsletter per E-Mail nötig.
- Sie ermöglichen einen direkten Call to Action: Der Kunde kann zu einer Handlung aufgefordert werden, zum Beispiel eine Bewertung abzugeben oder sich für eine Veranstaltung, einen Newsletter etc. anzumelden.
- Im Vergleich zu E-Mails werden Kurznachrichten bis zu viermal häufiger geöffnet.
- Die Klickraten in Kurznachrichten sind fast um ein Zehnfaches höher als bei E-Mail-Newslettern.
- Messengermarketing ist 1:1-Kommunikation. Das bedeutet: Sie haben es in der Hand, wie Sie mit Ihren Kunden kommunizieren.

10.2 Die wichtigsten Tipps und Tricks für Ihr Messengermarketing

Service – bieten Sie einfach mehr

Wie Messenger Ihrem Serviceangebot kräftig unter die Arme greifen können, möchte ich Ihnen an drei Beispielen veranschaulichen. So bietet die Sparkasse KölnBonn ihren Kunden seit Kurzem die Möglichkeit, 24 Stunden pro Tag und sieben Tage pro Woche per WhatsApp Kontakt mit der Bank aufzunehmen. Der Kunde muss dafür lediglich die Rufnummer der Sparkasse in seinen Kontakten anlegen und kann sie dann über den Messenger anschreiben. Selbst wenn eine Frage am Wochenende nicht sofort beantwortet werden kann, kommt die Antwort doch direkt am Montagmorgen. Kein lästiges Nachfassen mehr, keine weiteren Telefonate – der Kunde weiß vielmehr, dass sein Anliegen schnellstmöglich bearbeitet wird.

Das auf nachhaltige Textilien spezialisierte Unternehmen hessnatur bietet seinen Kunden ebenfalls an, an allen Tagen der Woche rund um die Uhr ihre Fragen zu Bestellungen und Produkten per WhatsApp zu stellen. Der technische Dienstleister MessengerPeople zitiert den Leiter der Kundenbetreuung von hessnatur, Harald Goßler, mit den Worten: „Es gibt für eine Firma nichts Praktischeres als in der Kontaktliste im Smartphone eines Kunden zu sein. Mit unserem WhatsApp-Service sind wir das und können bei Reklamationen so schnell eine Lösung finden – und in vielen Fällen Retouren vermeiden. Das ist auch wirtschaftlich ein großer Vorteil."

Mein drittes Beispiel ist der regionale Energieversorger Harz Energie, der zur Erledigung lästiger Dinge wie zum Beispiel der Ablesung von Zählerständen oder Ummeldungen Messenger nutzt. Auf diese Weise können Tausende von Postkarten mit Zählerständen und Erfassungsfehler vermieden werden.

Überlegen Sie doch einmal in einer ruhigen Minute, welche Last Sie gerne vom Tisch hätten, die Zeit und Kosten frisst – ich bin mir sicher, dass Ihnen das eine oder andere dazu einfällt.

Antworten Sie zeitnah

Ähnlich wie bei Anfragen per E-Mail erwarten viele Kunden heute eine Antwort innerhalb von 24 Stunden. Einige Plattformen informieren Kunden mit einer Zeitangabe, wie zum Beispiel: „Unternehmen XY antwortet innerhalb weniger Minuten" oder „Unternehmen XY antwortet innerhalb von einem Tag". Diese Werte werden aus der Geschwindigkeit Ihrer bisherigen Antworten ermittelt, sie stellen also keinen Zwang seitens der Plattform dar, sondern beruhen auf Werten, die Sie sich selbst erarbeitet haben. Natürlich schüren solche Angaben die Erwartungen der Kunden. Falls Ihr Wettbewerber eine Anfrage schneller beantwortet, ist davon auszugehen, dass er auch eher das Geschäft macht. Geschwindigkeit ist ein entscheidender Erfolgsfaktor in der Kundenkommunikation. Sie sollten daher zeitnah antworten, um das Interesse des Kunden zu halten und guten Service zu bieten.

Automatisieren Sie Prozesse mit Chatbots

Viele Messengerdienste bieten bequeme Möglichkeiten an, um immer wiederkehrende Fragen mithilfe von Chatbots automatisiert zu beantworten. Chatbots sind kleine Programme, die ähnlich funktionieren wie Google Assistant, Alexa oder Siri. Sie können mit Standardinformationen gefüttert werden und leichte Fragen beantworten, zum Beispiel nach den Öffnungszeiten Ihres Geschäfts, Ihrer Adresse oder anderen Kontaktdaten. Um Chatbots zu erstellen, benötigt man glücklicherweise keine Programmierkenntnisse, sondern lediglich etwas logisches Denken und Einfühlungsvermögen in die Welt der Kunden. Der Facebook Messenger bietet bereits seit 2016 die Möglichkeit, Chatbots zu verwenden. Sie lassen sich mit Diensten wie Chatfuel oder anderen Tools auch relativ einfach erstellen. Wenn ein Chatbot eine Frage nicht beantworten kann, weil ihm die entsprechenden Informationen fehlen, kann in den meisten Fällen ein Mensch einspringen. Dies bedeutet aber, dass Sie und Ihre Mitarbeiter entsprechend geschult sein müssen.

Chatbots lassen sich nicht nur für Messenger nutzen, es gibt auch Systeme, die Sie auf Ihrer Website einsetzen können. Für spezielle Anwendungen wie die

Buchung von Terminen, Hotelbuchungen, Tischreservierungen oder detaillierte Produktinformationen lassen sich spezielle Bot-Programme entwickeln und installieren. Ob man diese einsetzen möchte, ist letztlich immer eine Frage des Kosten-Nutzen-Verhältnisses.

Auch im proaktiven Beschwerdemanagement kann der Einsatz von Chatbots nützlich sein: Nach Durchführung eines Auftrags bitten Sie den Kunden, die Erledigung seines Anliegens durch Sie zu bewerten. Bei einem bis drei Sternen wird er automatisch zu einem Mitarbeiter durchgestellt, der sich konkret um das Problem kümmert. Bei vier oder gar fünf Sternen bedankt sich der Chatbot automatisch in Ihrem Namen und fordert den Kunden auf, eine Weiterempfehlung und Bewertung auf Profilseiten Ihres Unternehmens bei Google My Business, Facebook, auskunft.de oder gelbeseiten.de abzugeben. Ihr großer Nutzen liegt in der Kundenbindung und der Weiterempfehlungsquote sowie einem blitzsauberen Bewertungsprofil auf öffentlich einsehbaren Profilen Ihres Unternehmens.

Seien Sie Vorreiter, wenn Kunden über Messenger bezahlen wollen

Die Corona-Pandemie hat das bargeldlose und damit kontaktlose Zahlen gefördert und Diensten wie PayPal, Google Pay oder Apple Pay 2020 weltweit Millionen neue Nutzer beschert. Von diesem Markt wollen auch die Messengerdienste profitieren und bereiten deshalb Bezahlfunktionen vor. Es ist absehbar, dass die Apps die Gewinner sein werden, die möglichst viele Dienste und Services unter einem Dach vereinen. In China wird die WeChat-App bereits für alles genutzt – von der Tischbestellung bis zur Bezahlung.

WhatsApp will das Bezahlen über seinen Messenger demnächst in Indien testen. Facebook geht noch einen Schritt weiter und plant mit Libra gleich eine eigene Digitalwährung. Ich rate Ihnen: Beobachten Sie diese Entwicklung genau, und versuchen Sie es Ihren Kunden so einfach wie möglich zu machen. Die Bezahlung über Messenger wird kommen. In den Niederlanden bezahlen schon Millionen Menschen mit der Tikkie-App. Sie ermöglicht es, via WhatsApp eine Zahlungsaufforderung als Link zu versenden und so in Sekunden eine Zahlung auszulösen.

10.3 Mit welchen Messengerdiensten Sie starten können

WhatsApp

Der unangefochtene Marktführer in Deutschland wurde 2014 von Facebook gekauft. Dies ist deshalb von Bedeutung, weil Facebook zwei Jahre später erklärt hat, dass sich die Nutzerdaten von WhatsApp mit allen Diensten aus dem Facebook-Netzwerk verbinden lassen. Was das bedeutet, weiß jeder, der WhatsApp das erste Mal verwenden möchte: Bevor man nicht sein Adressbuch zugänglich macht, ist keine Nutzung möglich. Über diesen Hebel bekommt Facebook Zugriff auf sämtliche Adressbücher aller Nutzer weltweit. Das Unternehmen bestreitet zwar, diese Daten für Werbezwecke zu nutzen – doch ein anderes Motiv ist kaum denkbar. In Deutschland regt sich an vielen Stellen Widerstand gegen WhatsApp – bisher aber weitestgehend ohne Erfolg. Der Bundesverband der Verbraucherzentralen hat bereits im Jahr 2017 Klage gegen WhatsApp eingereicht und empfiehlt, den Dienst generell nicht zu nutzen.

Für Ihre geschäftliche Kommunikation sollten Sie besser nicht auf Ihren privaten WhatsApp-Account zurückgreifen, sondern auf die WhatsApp Business App, die speziell für kleine Unternehmen entwickelt wurde. Sie können dort ein Firmenprofil mit Bild, Logo, Adresse, Öffnungszeiten, E-Mail-Adresse und Website anlegen und Ihrem Unternehmen einen seriösen Auftritt verleihen. Außerdem lassen sich mit den Funktionen „Schnellantworten" und „Automatisierte Antworten" wiederkehrende Kundenanfragen durch eine Art Textbausteine leichter beantworten.

Facebook Messenger

Die Nummer zwei im deutschen Markt kommt ebenfalls aus dem Hause Facebook. Um den Messenger zu nutzen, benötigt man entweder einen Facebook-Account oder eine Mobilfunknummer. Anders als WhatsApp verlangt der Facebook Messenger keinen Zugriff auf die Handydaten des Nutzers. Eine

Ende-zu-Ende-Verschlüsselung kann bei Chats mit zwei Teilnehmern einge-
schaltet werden – wird die Gruppe jedoch größer, entfällt diese Möglichkeit.
Zusätzlich zur reinen Kundenkommunikation lassen sich Werbeanzeigen
schalten, um Neukunden zu gewinnen oder konkrete Buchungen zum Beispiel
für Restaurants zu ermöglichen. Auch dieser Messenger bietet eine Business-
Version, mit der die Kundenkommunikation einfach und bequem organisiert
werden kann.

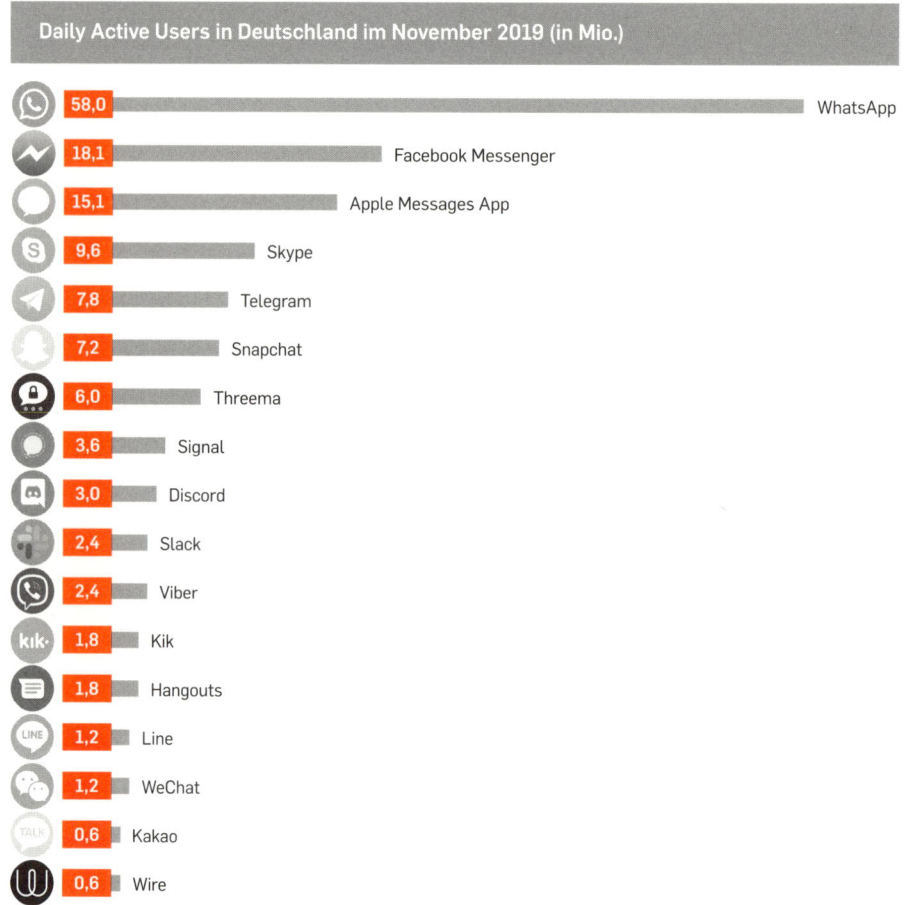

Daily Active Users in Deutschland im November 2019 (in Mio.)

58,0	WhatsApp
18,1	Facebook Messenger
15,1	Apple Messages App
9,6	Skype
7,8	Telegram
7,2	Snapchat
6,0	Threema
3,6	Signal
3,0	Discord
2,4	Slack
2,4	Viber
1,8	Kik
1,8	Hangouts
1,2	Line
1,2	WeChat
0,6	Kakao
0,6	Wire

Apple iMessage

Fest in das Betriebssystem von Apple integriert ist die Nummer drei auf dem deutschen Markt. Dies erklärt den hohen Marktanteil von iMessage. Der Dienst bietet zwar eine Ende-zu-Ende-Verschlüsselung, die aber nur bei Apple-Endgeräten funktioniert. Mit dem Business Chat bietet Apple Unternehmen eine spannende Möglichkeit, über iPhone, iPad und Macs direkt mit Kunden in Verbindung zu treten. Unter anderem sollen aus dem Chat heraus Terminbuchungen und Einkäufe ermöglicht werden, die im Anschluss bequem über Apple Pay bezahlt werden können.

Skype

Skype gehört seit 2011 zu Microsoft und kann seither auf die hohe Zahl von Office-Nutzern im gewerblichen Umfeld zurückgreifen. Das Einzige, was Sie und Ihre Kunden benötigen, ist ein Konto bei Microsoft unter Angabe einer E-Mail-Adresse oder Handynummer. Nutzer können einen Chat als „Private Unterhaltung" kennzeichnen und haben somit eine Ende-zu-Ende-Verschlüsselung. Für lokale Unternehmen kann es interessant sein, die Plattform Microsoft Teams zu nutzen, die Chats, Videokonferenzen, Telefonanrufe und die Möglichkeit einer gemeinsamen Dokumenterstellung kombiniert.

Telegram

Telegram wirbt als Nummer fünf auf dem deutschen Markt mit Geschwindigkeit und Sicherheit. Er gilt als einer der sichersten Messenger, weil er geheime Chats ermöglicht. Spannend für Unternehmen sind die Funktionen, die Telegram für Entwickler zur Verfügung stellt: So lassen sich zum Beispiel Chatbots erstellen, die einfache Anfragen zu Öffnungszeiten, Warenverfügbarkeit oder Terminwünschen vorsortieren. Der Gründer der Fahrschulgruppe 123Fahrschule, Boris Polenske, wickelt die Kommunikation mit seinen Fahrschülern komplett über Telegram ab und hat mithilfe von Chatbots die Terminvereinbarung von Fahrstunden automatisiert.

Threema

Threema ist einer der wenigen Messengerdienste, die für den Start Geld verlangen – allerdings nur 3,99 Euro. Dafür erhält man maximale Sicherheit mit der Zusage, die DSGVO werde eingehalten. Es gibt eine sichere Ende-zu-Ende-Verschlüsselung aller Chats, außerdem kann man über eine sogenannte Threema-ID anonym chatten, also ohne die eigene Handynummer angeben zu müssen. Threema verspricht zudem Werbefreiheit und bietet mit Threema Work einen Messenger für Unternehmen, der allerdings mit monatlichen Kosten verbunden ist.

Darüber hinaus gibt es noch viele andere Anbieter, zum Beispiel den Open-Source-Messenger Signal. Alle Dienste haben jeweils Vor- und Nachteile, vor allem in Bezug auf die Privatsphäre und den Datenschutz. Letztlich wählen allerdings Ihre Kunden aus, welcher Messenger genutzt wird. Sie entscheiden nur, welche Kommunikationskanäle Sie anbieten. Dabei werden Sie an den oben genannten Diensten, die den Markt in Deutschland beherrschen, kaum vorbeikommen.

10.4 Rechtliche Hinweise

Kurznachrichtendienste sind kein rechtsfreier Raum. Für Messenger gelten ähnliche Regeln wie für das E-Mail-Marketing (siehe Seite 186). Wichtig ist vor allem, dass Ihr Kunde bewusst einwilligt, wenn Sie mit ihm über Messenger kommunizieren möchten. Geht die Kommunikation hingegen vom Kunden aus, haben Sie ein berechtigtes Interesse an der bedarfsgerechten Information des Kunden nach Art. 6 Abs. 1 DSGVO. Ein Problem sind von Ihnen ausgehende werbliche Ansprachen, da Sie dafür die Zustimmung des Kunden oder Interessenten einholen und diese dokumentieren müssen. Da ein Massenversand bei WhatsApp seit Ende 2019 nicht mehr möglich ist, dürfte sich dieser Aufwand kaum lohnen. Die beste Werbung ist vielmehr, einen guten Service via

WhatsApp zu bieten und den Kunden serviceorientiert und individuell, aber keinesfalls werblich anzusprechen.

Risikoabwägung

Bevor Sie Ihren Kunden Messengerdienste als Kommunikationskanal anbieten, müssen Sie für sich selbst entscheiden, ob Sie gewisse Risiken bezüglich der DSGVO eingehen. Wenn Sie zum Beispiel WhatsApp nutzen, werden Daten Ihrer Kunden auf Servern in den USA gespeichert; rechtlich sind Sie jedoch der hauptverantwortliche Ansprechpartner in Sachen DSGVO. Sie sitzen also zwischen den Stühlen. Die Datenschutzregelungen von WhatsApp sind derzeit Gegenstand mehrerer Gerichtsprozesse, deren Ausgang jedoch ungewiss ist. Insofern kann ich hier nur das eherne Gesetz des Digitalmarketings wiederholen: Nur was Ihnen gehört, zum Beispiel Ihre Website und Ihre Newsletteradressen, macht sie unabhängig. Deshalb sollten alle Maßnahmen, die Sie ergreifen, dazu dienen, Ihre Marke und Reputation, Ihre Website und Ihren Newsletterverteiler zu stärken.

Quickstarter – direkt mit Kunden kommunizieren

#1 Machen Sie sich nicht angreifbar

Die rechtlichen Anforderungen an aktives Messengermarketing sind nicht zu unterschätzen. Ich rate Ihnen daher, nicht einfach loszulegen, sondern zu prüfen, ob der von Ihnen ins Auge gefasste Messenger eine Ende-zu-Ende-Verschlüsselung jedes Chats bietet und ob Ihnen die Einwilligung Ihrer Kunden vorliegt, dass Sie mit ihnen in Kontakt treten können. Mein Tipp: Nutzen Sie DSGVO-konforme Messengerdienste wie Threema oder Signal.

#2 Optimieren Sie Service und Prozesse

Ich habe Ihnen Beispiele genannt, wie Sie Ihren Kundendienst mit Messengermarketing verbessern können. Aber denken Sie auch einen Schritt weiter, und überlegen Sie, ob Messenger weitere Prozessschritte in Ihrem Unternehmen unterstützen könnten. Das Beispiel der 123Fahrschule zeigt, dass mithilfe eines Chatbots nicht nur ein echter Mehrwert für den Kunden geschaffen werden konnte, sondern auch die Kosten für die Fahrschule reduziert wurden. Das nennt man eine echte Win-win-Situation!

#3 Behalten Sie das Bezahlen über Messenger im Auge

Führen Sie sich bei Ihren Messengermarketingaktivitäten immer das Beispiel der chinesischen WeChat-App vor Augen, mit der man von der Buchung bis zur Bezahlung von Produkten und Dienstleistungen alles erledigen kann. Überlegen Sie, welchen Service Sie als Erstes in Ihrem Unternehmen optimieren würden. Dazu fällt Ihnen bestimmt etwas ein. Und achten Sie darauf, vorne mit dabei zu sein, wenn das Bezahlen über Messenger in Deutschland startet, denn bequemes Zahlen ist und bleibt eine wichtiger Serviceaspekt für Ihre Kunden.

11 Soziale Medien

Beim Thema soziale Medien scheiden sich die Geister. Igitt, sagen manche. Doch für Ihr lokales Marketing bieten diese Kanäle viele Vorteile. Sie machen Ihr Geschäft besser sichtbar, helfen Ihnen bei der Kundenbindung und beim Support. Dieses Kapitel erklärt, wie Sie soziale Medien richtig einsetzen.

So mancher wird sich fragen: Bringt Marketing auf Facebook, Twitter und Co. etwas? Wie fast immer lautet die Antwort: Es kommt darauf an. Der Erfolg hängt von Ihren individuellen Zielen und Ihrer Unternehmensstrategie ab. Zudem steckt hinter allen Erfolgsstorys harte Arbeit! Eben mal nebenbei Facebook machen, bringt wirklich nichts.

Lassen Sie uns zunächst darüber nachdenken, was soziale Medien (Social Media) so interessant und erfolgreich macht. Einfach gesprochen, handelt es sich um Netzwerke, und die ziehen mit jedem weiteren User überproportionalen Nutzen für alle nach sich. Das klassische Beispiel ist das Telefon: Zu Beginn konnte der Erfinder nur einen anderen Menschen anrufen. Sobald der dritte Teilnehmer hinzukam, verdoppelte sich der Nutzen für alle – jeder konnte nun bereits mit zwei Menschen in Kontakt treten. Mit jedem weiteren Teilnehmer stieg der Nutzen des Netzwerks, bis jeder mit jedem kommunizieren konnte.

Der Digital Report 2020 der Agentur We are Social und des Unternehmens Hootsuite hat ermittelt, dass von den rund 78 Millionen Menschen, die in Deutschland das Internet nutzen, fast die Hälfte (38 Millionen) aktive Social-Media-Nutzer sind. Aufgrund der großen Beliebtheit sozialer Netzwerke wie Facebook, Instagram, Twitter, aber auch von Messengerdiensten (siehe Kapitel 10) stellt sich die Frage, wie man sie für sein lokales Geschäft nutzen kann. Die Möglichkeiten sind vielfältig. Doch zunächst möchte ich Ihnen einige der Netzwerke vorstellen.

11.1 Soziale Medien im Überblick

Einen ersten Anhaltspunkt, um herauszufinden, welche Kanäle für Sie interessant sein könnten, bietet der Charakter eines Netzwerks. So sind zum Beispiel Instagram, Facebook, Snapchat oder TikTok eher hedonistischer Natur; dort geht es vor allem um Spaß und Eitelkeiten. Bei Twitter oder Business-Netzwerken wie XING oder LinkedIn steht hingegen eher der Nutzen im Vordergrund.

Das zweite wichtige Kriterium ist ihre Zielgruppe. Je nachdem, ob Sie End-kunden erreichen wollen oder andere Unternehmen, sind andere Netzwerke geeignet.

Facebook

Facebook ist ein beziehungsorientiertes soziales Netzwerk, teilweise auch interessenorientiert. Wenn Sie Produkte oder Services mit einer starken Kun-denbindung oder gar einer Fangemeinde anbieten, könnte sich ein Reinschnup-pern lohnen. Das gilt auch, wenn Sie mit dem Verkauf in sozialen Netzwerken beginnen möchten, denn es gibt die Möglichkeit, einen eigenen Shop einzu-richten (siehe Seite 63). Interessant könnte für Sie auch die Einrichtung einer Business-Firmenseite bei Facebook sein (siehe Kapitel 7), denn im Gegensatz zu privaten Facebook-Seiten sind Facebook-Business-Seiten öffentlich und werden auch in den Suchergebnissen von Google angezeigt. Nutzen Sie diese Möglichkeit!

Einige Fakten Facebook eignet sich für sämtliche Unternehmensgrößen. 32 Millionen aktive deutsche Nutzer pro Monat, 23 Millionen davon täglich. Mehr als 29 Millionen Menschen nutzen das Netzwerk in Deutschland mobil. Die Inhalte umfassen Texte, Bilder und Videos. Präzise Werbeschaltungen mit vielen Filtermöglichkeiten. Direkte Anbindung an Facebook Messenger sowie Instagram. Schnittstelle für die Verwendung von Chatbots.

Instagram

Bei Instagram stehen Bilder und sogenannte Stories im Zentrum – wenn Sie also Produkte und Dienstleistungen anbieten, die sich über Bilder gut in Szene setzen lassen, dann kann Instagram eine sinnvolle Plattform für Sie sein. Wie bei Facebook können Sie ein Unternehmensprofil für Ihr lokales Geschäft auf-setzen und Fans und Follower sammeln.

Einige Fakten Instagram gehört seit 2012 zu Facebook. 25 Millionen aktive Nutzer in Deutschland pro Monat, davon neun Millionen täglich. Inhalte umfassen vor allem Bilder und Gifs, aber auch kurze Videos. In Verbindung mit einem Facebook-Shop oder -Produktkatalog ist Instagram Shopping verfügbar, um Produkte anzubieten.

Pinterest

Die Bilderplattform Pinterest bietet über Pins eine Ideen- und Interessensammlung an virtuellen Pinnwänden. Das Spannende für Unternehmen: Ein Bild kann mit einer Website verbunden werden. Auf diese Weise lassen sich Nutzer auf Ihre Homepage oder in Ihren Webshop locken. Auch bei Pinterest können Sie mit wenigen Klicks ein umfangreiches Firmenprofil anlegen und Ihre Bilder posten.

Einige Fakten Eignet sich für sämtliche Unternehmensgrößen. Sechs Millionen aktive Nutzer in Deutschland pro Monat. Inhalte umfassen vor allem Bilder und Gifs, aber auch kurze Videos.

YouTube

YouTube ist nicht nur die größte Videoplattform der Welt, sondern nach Google auch die weltweit zweitgrößte Suchmaschine. Das Unternehmen wurde 2006 von Google gekauft, kann aber weiter unter seinem Namen agieren. Sie können auf der Plattform Ihren eigenen Kanal erstellen und regelmäßig Videos hochladen. Interessierte und Kunden haben die Möglichkeit, eine auf Ihr Unternehmen abgestimmte Profilseite zu abonnieren, um auf dem Laufenden zu bleiben. Ein eigener YouTube-Kanal ist verlockend, bringt aber auch eine Menge Planungs- und Produktionsaufwand mit sich. Denn anders als bei den übrigen Social-Media-Plattformen können dort nur Videos hochgeladen werden. Wenn Sie nicht wöchentlich oder monatlich ein neues Video produzieren können, dann rate ich Ihnen von YouTube ab. Denn wenn Ihr Kanal nur ein drei Jahre altes Unternehmensvideo bietet, dann deutet dies auf mangelnde Konstanz und mangelndes Interesse hin.

Doch es muss kein eigener Kanal sein. Sie können YouTube auch für bezahlte Anzeigen in Form von Videos (Video Ads) nutzen [▓]. Dazu drehen Sie einen kleinen Spot und schalten ihn auf der Plattform. Ihre Anzeige wird dann vor dem Abspielen anderer Videos, in YouTube-Trefferlisten oder im Umfeld der Hauptbühne angezeigt. Sie bezahlen übrigens nur für echte Videoaufrufe – wird Ihre Anzeige weggeklickt oder übersprungen, fallen keine Kosten an! Außerdem ist der durchschnittliche Preis deutlich günstiger als der für einen Klick bei der Google-Suchmaschine.

Einige Fakten Eignet sich für sämtliche Unternehmensgrößen. 28 Millionen deutsche Nutzer schauen sich täglich auf YouTube Videos an! Geeignet für Produktmarketing, Angebote, Liveübertragungen und Kundensupport.

> Tipp: In Deutschland besitzt mittlerweile mehr als die Hälfte aller Haushalte ein Smart-TV, also einen Fernseher, der mit dem Internet verbunden ist. Nahezu alle Hersteller bieten eine Voreinstellung, um auf diesen Geräten YouTube-Videos anzuschauen, die auch gerne genutzt wird. Da sich Ihre Werbeanzeige auf YouTube auch geografisch ausrichten lässt, können Sie Ihre Zielgruppe nicht nur auf dem Computer oder Smartphone, sondern auch auf dem heimischen Fernseher erreichen. Wenn das kein hyperlokales digitales Marketing ist!

Vimeo

Es muss nicht immer YouTube sein. Eine echte Alternative ist Vimeo. Der Einstiegspreis für publizierte Videos liegt für kleinere Unternehmen bei sechs Euro im Monat; dafür werden die Videos aber auch in deutlich besserer Qualität gestreamt. Sie können einen individuellen Rahmen für Ihre Videos schaffen und sie mit einer Menge brauchbarer Tools schnell und einfach aufpeppen. In der Businessversion für 40 Euro pro Monat können Sie sogar eigene Lead-Seiten bauen, die E-Mail-Adressen von Interessenten einsammeln, oder über ein Kontaktformular im Video einen direkten Verkaufskontakt eröffnen.

Einige Fakten Eignet sich für Unternehmen aller Größen, die Wert auf qualitativ hochwertige Videodarstellungen legen. Geeignet für Produktmarketing, Angebote und Kundensupport. Bietet die Möglichkeit, über die Videos auch Geld zu verdienen.

Twitter

Der Charme von Twitter liegt darin, dass man seine Botschaft in nur 280 Zeichen vermitteln muss. In dieser Kürze liegt die Würze. Aufgrund der Geschwindigkeit und der Markierung mit Hashtags ist Twitter ein beliebtes Nachrichten- und Verlautbarungsmedium, das häufig von Politikern und Journalisten genutzt wird. Für Sie als Unternehmer bietet es die Chance, sich in Diskussionen einzumischen und Ihre Botschaft an Influencer und Multiplikatoren zu verbreiten. Mit schnöder Schweinebauchwerbung kommen Sie hier allerdings nicht weiter, Ihre Mitteilung sollte schon einen gewissen Nachrichtenwert haben. Nehmen wir einmal an, Sie haben einen Förderbescheid Ihres Bundeslandes zur Weiterentwicklung eines Ihrer Produkte erhalten. Dann könnte die Nachricht, die Sie über Ihren Twitter-Account (in unserem Beispiel @meinunternehmen) absenden, etwa so aussehen: „@meinunternehmen hat heute von @WirtschaftNRW den Förderbescheid für #innovation erhalten. Mit den 50.000 € entwickeln wir unser Produkt xy weiter. #energieeinsparung #co2". Mit @WirtschaftNRW sprechen Sie direkt das Wirtschaftsministerium von Nordrhein-Westfalen als Multiplikator an, das mit großer Wahrscheinlichkeit auf Ihre Nachricht (Tweet) reagieren und sie mit seinen Followern teilen (retweeten) wird. Dies kann wiederum dazu führen, dass Journalisten über Sie und Ihre Innovation berichten.

Twitter lässt sich aber auch für den Kundensupport nutzen, wie das Beispiel Telekom zeigt. Unter „@Telekom_hilft" erhält der Kunde nicht nur schnell Hilfe, es wird gleichzeitig auch ein Archiv beantworteter Fragen aufgebaut, das anderen Kunden mit dem gleichen Problem weiterhelfen kann. Wenn Ihre Kunden also häufig ähnliche Probleme haben, könnte sich Twitter anbieten.

Einige Fakten Eignet sich für sämtliche Unternehmensgrößen. 1,4 Mio. tägliche Nutzer in Deutschland, 145 Millionen täglich aktive Nutzer weltweit. Geeignet für aktuelle Angebote, direkten Kundenkontakt und Support.

XING/Kununu

XING ist ein deutschsprachiges Businessnetzwerk. Kununu ist die Arbeitgeber-Bewertungsplattform desselben Unternehmens. Der Schwerpunkt der Plattformen liegt auf der Rekrutierung von Mitarbeitern (aus Sicht der Unternehmen) und auf Karriere (aus Sicht der Bewerber). Unternehmen können sich mit einer Profilseite sehr gut darstellen, ihre Marke in ein weiteres soziales Netzwerk tragen und nicht nur potenziellen Bewerbern, sondern auch Kunden und Lieferanten zeigen, dass sie aktiv sind. Außerdem zeigt Google XING-Firmenprofile auf den Suchergebnisseiten sehr weit oben an. Nutzen Sie das, um auf Ihr Unternehmen aufmerksam zu machen.

Einige Fakten Eignet sich für sämtliche Unternehmensgrößen. Etwa 17 Millionen Nutzer in Deutschland, Österreich und der Schweiz. Für die Rekrutierung von Mitarbeitern bietet XING spezielle Tools an, die optional gebucht werden können.

LinkedIn

Als internationales Businessnetzwerk ist LinkedIn wesentlich breiter angelegt als XING. Außer für die Rekrutierung von Mitarbeitern eignet sich LinkedIn auch hervorragend für den Vertrieb. Es bietet zudem viele interessante Onlinekurse zu Businessthemen und sehr aktive Diskussionsgruppen. Sich daran zu beteiligen kann Ihren Expertenstatus untermauern.

Einige Fakten Eignet sich für sämtliche Unternehmensgrößen – besonders für Unternehmen, die international aktiv sind. 14 Millionen Mitglieder in Deutschland, mehr als 645 Millionen Nutzer weltweit, davon 63 Millionen Entscheidungsträger. Auch bei LinkedIn gibt es spezielle Tools für die Rekrutierung von Mitarbeitern.

Wer die Zielgruppe der 16- bis 24-Jährigen erreichen möchte, kommt an TikTok und Snapchat nicht vorbei. TikTok erreicht in Deutschland etwa 5,5 Millionen Nutzer pro Monat, bei Snapchat sind es sogar fünf Millionen wöchentlich. Die Inhalte sind Videoschnipsel, die von den Nutzern über Apps kreiert und gepostet werden. Um festzustellen, ob sich diese Kanäle für ihr lokales Unternehmen eignen, geben Sie die für Sie relevanten Suchbegriffe in Verbindung mit einem Hashtag ein. Schauen Sie sich die Ergebnisse an und prüfen Sie, ob relevante Mitbewerber hier schon vertreten sind. Sollte das der Fall sein, sollten Sie überlegen, aktiv zu werden. Es kann auch Sinn machen, Vorreiter auf diesen Kanälen zu sein. Sie sollten jedoch bedenken, dass die Geschwindigkeit in diesen Netzwerken sehr hoch ist. TikTok lebt von Videos, die 15 Sekunden lang sind. Bei Snapchat werden die Posts nach spätestens 24 Stunden wieder gelöscht. Für beide Dienste lassen sich Ideen entwickeln. Ich kenne allerdings bisher noch kein einziges funktionierendes Beispiel im lokalen Umfeld.

Egal, für welches Netzwerk Sie sich entscheiden, grundsätzlich gilt: Wenn Sie Social Media nutzen, sollten Sie es konsequent tun. Es gibt kaum etwas Langweiligeres, als ein veraltetes oder leeres Facebook-Profil vorzufinden. Nur allzu schnell sehen sich ihre Kunden dann bei der Konkurrenz um.

11.2 Die wichtigsten Tipps und Tricks für Social-Media-Marketing

Mehrere Kanäle nutzen

Wenn Sie auf zwei oder drei Social-Media-Kanälen aktiv sein wollen, sollten Sie überlegen, wie Sie den Aufwand für das gleichzeitige oder auch zeitversetzte Posten von Beiträgen deutlich reduzieren können. Dazu bieten sich sogenannte

Scheduling-Tools an – kleine Programme, mit denen sich unterschiedliche Posts effizient über eine Plattform versenden lassen. Sie müssen sich dann nicht bei allen sozialen Medien einzeln ein- und wieder ausloggen, sondern haben auf einer Plattform alles im Überblick. Mithilfe dieser Programme können Sie mehrere Beiträge gleichzeitig entwerfen und festlegen, wann diese gesendet werden sollen. Drei der bekanntesten Scheduling-Tools stelle ich Ihnen hier vor (weitere [▓]).

Anbieter	Unterstützte Social-Media-Kanäle	Preise	Geeignet für
https://hootsuite.com/	Facebook, Instagram, YouTube, LinkedIn, Twitter, Pinterest	Kostenfrei für drei Social-Media-Profile und 30 Nachrichten pro Monat für einen Nutzer. Kosten der professionellen Version: 25 bis 599 Euro pro Monat.	Kleine Unternehmen bis hin zu Konzernen mit mehreren Social-Media-Managern, die unterschiedliche Kanäle betreuen.
https://buffer.com/	Facebook, Instagram, LinkedIn, Twitter, Pinterest	Kostenfrei für drei Social-Media-Profile und zehn Nachrichten pro Monat für einen Nutzer. Kosten der professionellen Version: 15 bis 99 Euro pro Monat.	Kleine Unternehmen bis hin zu Konzernen mit mehreren Social-Media-Managern, die unterschiedliche Kanäle betreuen. Es gibt keine deutsche Version.
https://www.getstacker.com/#	Facebook, LinkedIn, Twitter, Pinterest	Kostenfrei für vier Social-Media-Profile und zehn Nachrichten pro Woche für einen Nutzer. Kosten anderer Versionen: 10 bis 250 US-Dollar pro Monat.	Kleine Unternehmen und Agenturen, die Social-Media-Accounts für ihre Kunden betreuen. Es gibt keine deutsche Version.

Viele Unternehmer bezweifeln, dass sich der Aufwand für Social-Media-Marketing auszahlt. Doch das ist ein Irrtum. Die sozialen Medien sind ein optimales Sprachrohr und bieten große Chancen, wenn man die richtige Strategie verfolgt. Um beurteilen zu können, ob sich das Ganze lohnt, sollten Sie im Vorfeld Ihre Ziele genau definieren. Mögliche Ziele sind zum Beispiel: Sie möchten Auszubildende via Facebook, Instagram, Snapchat oder TikTok ansprechen. Sie möchten via Facebook neue Interessenten für Ihren E-Mail-Newsletter gewinnen. Sie möchten mehr Traffic auf Ihrer Website. Sie möchten direkt auf Facebook verkaufen.

Die meisten Aufgaben können Sie ohne viel Hilfe von außen selbstständig erledigen. Sollten Sie an einer Stelle doch einmal nicht weiterkommen, finden Sie im Internet für so gut wie jede Frage auch entsprechende Hilfestellungen.

Sind Ihre Kunden erst einmal auf Sie aufmerksam geworden und folgen Ihnen auf dem jeweiligen Kanal, haben Sie diverse Möglichkeiten, von den enormen Reichweiten der Netzwerke zu profitieren. Die Distanz zu Ihren Kunden lässt sich deutlich verringern, weil Sie (oder Mitarbeiter Ihres Unternehmens) sich auf Augenhöhe mit ihnen „unterhalten" können. Entscheidend für ein Engagement in den sozialen Medien ist nicht zuletzt, Spaß daran zu haben.

Personas statt Zielgruppen

Um sich selbstverständlich in sozialen Netzwerken bewegen zu können, ist es hilfreich, sich vom Denken in herkömmlichen Marketingkategorien zu lösen. Anstatt
eine Zielgruppe nach demografischen Merkmalen zu definieren, wie zum Beispiel
„weiblich, 30–40 Jahre alt", sollten Sie sich vielmehr Personas vorstellen. Damit
sind fiktive Personen gemeint wie Lieschen Müller, Kevin, Chantal oder Hannes,
mit all ihren Eigenschaften, Bedürfnissen, Kenntnissen, Einstellungen und Ver-
haltensmustern. Ihre Zielgruppe lässt sich viel genauer bestimmen, wenn Sie ihr
Gesichter geben, und das passende soziale Netzwerk ergibt sich dann nahezu
von selbst.

Anregungen zur Erstellung einer Persona

Wie alt ist der Kunde Hannes?

Ist er Endkunde (B2C) oder Entscheider in einem Unternehmen (B2B)?

Wie ist seine Einstellung (eher konservativ und traditionell oder modern und ori-
ginell)?

Welchen Beruf hat er (Branche, Position)?

Was verdient er?

Hat er Familie?

Welchen Bildungsabschluss hat er (keinen, Hauptschule, Realschule, Abitur, Studium)?

Welche Interessen und Hobbys hat er?

Welches Auto fährt er?

Wo macht er Urlaub?

Welche Eigenschaften zeichnen ihn aus?

        sportlich <–> gemütlich

        genussvoll <–> asketisch

        mutig <–> bedacht

        technisch <–> kreativ

        introvertiert <–> extrovertiert

        rational <–> romantisch

elegant <–> verspielt

strebsam <–> genügsam

passiv <–> aktiv

alleinstehend <–> mit Familie

schüchtern <–> selbstbewusst

analytisch <–> intuitiv

minimalistisch <–> opulent

egozentrisch <–> altruistisch

Vorteile von Personas

Fiktive Personen haben den Vorteil, dass man sich einen konkreten Menschen vorstellt, mit dem man sich auf Augenhöhe unterhalten kann. Das Erstellen von Personas ihrer idealen Kunden ist viel komplexer, als es sich hier in wenigen Zeilen darstellen lässt. Aber Sie kommen Ihrem Ziel näher, wenn Sie sich diese Denkweise aneignen.

Für ein Heizungsbauunternehmen, das Solaranlagen anbietet, könnte eine Persona zum Beispiel so aussehen: Hannes, 40 Jahre alt, Familie mit 2 Kindern, Hauseigentümer im Raum Köln, legt Wert auf Nachhaltigkeit, sieht sich selbst als smartes Familienoberhaupt, das Strom nicht nur nachhaltig mit Solaranlagen erzeugen und verbrauchen möchte, sondern damit auch etwas zum Familieneinkommen beitragen möchte. Seine Einstellung ist eher konservativ, er hat studiert, zu seinen Interessen zählt Radfahren, seine Denkweise ist eher rational und technisch orientiert.

Mit einer Persona lässt sich Ihre Zielgruppe zum Beispiel bei der Schaltung von Facebook-Anzeigen viel genauer definieren. Sie können durchaus auch zwei oder drei Personas entwickeln. Daraus ergibt sich dann, wie Sie die jeweiligen Kunden ansprechen: Je nachdem orientiert sich die Argumentation in Ihrer Anzeige eher an der möglichen Rendite oder an der CO_2-Einsparung.

Letztlich geht es darum, sich mit viel Empathie in die Welt des Kunden hineinzuversetzen. Ein echter Dialog via Social Media fällt dann viel leichter.

Kennzahlen wie Freunde, Follower, Likes und Impressions (Seitenaufrufe) lassen sich einfach ermitteln. Sie spiegeln aber für sich genommen nicht unbedingt den Fortschritt Ihrer Marketingstrategie wider. Besser geeignet ist die Messung des sogenannten Engagements, also wie stark Ihr Publikum auf Ihre Inhalte in einem sozialen Netzwerk reagiert. Eine Möglichkeit, dies festzustellen, ist die Engagement-Rate. Dazu addieren Sie alle Likes, Shares und Kommentare; diese Summe teilen Sie durch die Zahl der Impressions und multiplizieren das Ergebnis mit 100. Dabei gibt es keinen allgemeingültigen Zielwert, den es zu erreichen gilt. Für den einen sind drei Likes schon viel, für den anderen sind drei Kommentare viel zu wenig. Dies ist von Branche zu Branche und je nach Thema völlig unterschiedlich. Je kontroverser ein Thema ist, desto mehr Kommentare sind zu erwarten – möglicherweise nicht nur erfreuliche. Wichtig ist in jedem Fall, sich ständig zu verbessern. Sie sollten also gut über Ihre Posts nachdenken. Wenn Sie Ihren Beiträgen in den sozialen Medien keine ausreichende Aufmerksamkeit schenken können, wird Ihre Engagement-Rate sofort sinken. Facebook, LinkedIn und Co. benutzen ähnliche Kennzahlen, um die Qualität Ihrer Posts zu beurteilen, und spielen sie entsprechend vor mehr oder weniger großem Publikum aus. Gute Qualität steigert also auch Ihre Sichtbarkeit.

11.3 Chancen und Möglichkeiten sozialer Medien

Laut einer Analyse von Greven Medien verfügten 2019 nur fünf Prozent der von uns untersuchten Websites über einen Twitter-Account. Selbst bei Facebook, dem Spitzenreiter unter den sozialen Netzwerken, waren lediglich 22 Prozent aktiv. Viele kleine und mittelständische Unternehmen lassen die sozialen Medien gänzlich außer Acht und verschenken damit wertvolle Punkte auf dem

Weg zum perfekten lokalen Onlinemarketingmix. Denn bei richtiger Handhabung sind die Chancen und Möglichkeiten von Social Media gigantisch – von der bloßen Sichtbarkeit Ihres Unternehmens bis hin zum Aufbau einer eigenen Community.

Reichweite durch Spinnennetzstrategie

Soziale Medien bieten aufgrund ihres Netzwerkcharakters die Chance auf sehr hohe Reichweiten. So werden Ihre Kunden direkt an Ihre Waren oder Dienstleistungen herangeführt. Zusätzlich können Sie durch eine Spinnennetzstrategie dafür sorgen, dass Ihre Kunden immer wieder auf Ihrer Website landen, dem Mittelpunkt des Spinnennetzes. Bieten Sie deshalb in den von Ihnen genutzten sozialen Netzwerken möglichst viele Sprungmöglichkeiten auf Ihre Website an. Gleichzeitig sollte Ihre Website auf alle Netzwerke verweisen, in denen Sie aktiv sind. Doch setzen Sie Prioritäten: Je nach Ziel und Strategie kann ein Newsletterabonnent 100-mal mehr wert sein als ein Twitter-Follower, und ein Instagram-Fan kann mehr wert sein als ein Facebook-Freund. In jedem Fall sorgen die sozialen Medien für mehr Traffic auf Ihrer Website und sollten schon allein deswegen genutzt werden.

Dialog und Support

Im Kapitel 10 über Messengermarketing habe ich bereits darauf hingewiesen, dass der Dialog mit der Zielgruppe für Ihr Geschäft sehr wertvoll sein kann. Viele soziale Netzwerke werden mobil genutzt – damit stecken Sie gewissermaßen schon in der Hosentasche der Kunden. Eine steigende Zahl von Unternehmen nutzt Netzwerke wie Facebook, um darüber den gesamten Kundensupport abzuwickeln. So vertreibt beispielsweise der kleine Fahrradhersteller Ampler aus Estland seine E-Bikes über einen Onlineshop in ganz Europa. Der Support läuft fast ausschließlich über Facebook und funktioniert reibungslos. Warum sollte das für Ihr Geschäft nicht auch möglich sein?

Bessere Sichtbarkeit

Mit aktiven Social-Media-Profilen verbessern Sie die Sichtbarkeit Ihres Geschäfts. Firmenseiten tauchen zum Beispiel in den Google-Suchergebnissen meist relativ weit oben auf. Sucht ein Kunde Sie also mit einer Suchmaschine, kann er wählen, ob er Ihre Website oder Ihr Social-Media-Profil besuchen möchte. In jedem Fall drücken diese Suchtreffer andere Ergebnisse (vielleicht auch die Ihrer Konkurrenz) weiter nach unten.

Empfehlungen

Im Kapitel 6 über Bewertungen habe ich darauf hingewiesen, dass eine Empfehlung, insbesondere das Teilen oder Liken eines Inhalts durch Freunde und Bekannte, für die meisten Internetnutzer glaubwürdiger ist als jede bezahlte Anzeige. Genau diesen Effekt können Sie sich zunutze machen: Wenn Kunden Ihre Inhalte mit Freunden und Bekannten teilen, kommt das einer Kaufempfehlung gleich. Noch besser ist es, wenn Ihre Kunden eine Bewertung, zum Beispiel in Form eines Kommentars, abgeben. Als Faustregel gilt: Ein Kommentar ist mehr wert als ein „Teilen", und ein „Teilen" ist mehr wert als ein „Gefällt mir". Denn ein „Gefällt mir" ist schnell geklickt, mit „Teilen" empfiehlt man etwas konkret weiter, und mit einem Kommentar tritt man in einen Dialog ein.

Dynamik und Authentizität

Viele Produktfotos, Beschreibungstexte, Erfahrungsberichte, Bewertungen und Reaktionen steigern die Dynamik Ihres Social-Media-Profils. Besucher können daran auf den ersten Blick erkennen, dass es sich um ein gut gepflegtes Profil handelt. Das schafft ein gewisses Grundvertrauen und erhöht die Wahrscheinlichkeit, dass Menschen eher bei Ihnen als bei der Konkurrenz kaufen. Ein dynamisches Profil vermittelt außerdem Authentizität und Glaubwürdigkeit. Dies ist besonders bedeutsam, wenn Sie einen Onlineshop betreiben. Denn jeder kauft lieber in einem Shop ein, der offensichtlich gut gepflegt ist.

In den meisten sozialen Netzwerken können Sie Ihren Beiträgen mit bezahlter Werbung ein wenig nachhelfen. Die diversen Plattformen bieten zumeist gute Möglichkeiten, um die jeweilige Zielgruppe sehr genau anzusprechen. Zudem erhalten Sie eine Prognose, wie viele Menschen Sie damit mutmaßlich erreichen können und welche Kosten dafür anfallen.

Um Ihre Werbekampagne zu steuern und zu verbessern, können Sie die Statistiken nutzen, die in fast alle sozialen Netzwerke integriert sind (oft „Insights" oder „Analytics" genannt). Sie machen deutlich, welche Art von Kampagne und welche Inhalte besonders gut funktionieren. Einige Plattformen verzeichnen auch, an welchen Tagen und zu welcher Uhrzeit ihre Besucher besonders aktiv sind. Das kann für Sie ein wichtiger Hinweis für die zeitliche Platzierung Ihrer Posts sein.

Achten Sie jedoch sowohl bei Ihren Posts als auch bei der Werbung auf das richtige Maß. Zu viel Werbung kann, insbesondere für Ihre Bestandskunden, auch nervig sein. Gleiches gilt für Ihre Beiträge. Insbesondere auf Facebook gelten Unternehmen, die mehr als einmal täglich etwas posten, inzwischen eher als aufdringlich.

Außerdem sollten Sie bedenken, dass es nicht immer lohnenswert ist, krampfhaft zu versuchen, die Zahl der Follower zu erhöhen. Mehr Follower gehen nicht zwangsläufig mit einer höheren Engagement-Rate Ihrer Kunden einher. Einige Plattformen bieten deshalb je nach Zielsetzung unterschiedliche Kampagnen an. Sie zielen entweder darauf ab, die Zahl der Follower Ihres Social-Media-Profils zu erhöhen oder mehr Besucher auf Ihre Website zu führen oder Ihre Markenbekanntheit zu verbessern oder den Download einer Datei (zum Beispiel mit besonderen Angeboten) zu forcieren. Letztlich wird Ihnen das Schalten von Werbung nur dann wirklich helfen, wenn Sie auch gute Inhalte produzieren (siehe Kapitel 8).

Eine eigene Community

Wohl dem, der auch in Krisenzeiten, wie zum Beispiel während der Corona-Pandemie, auf eine Community bauen kann – sofern er sich in guten Zeiten eine aufgebaut hat. Ein perfektes Beispiel dafür ist die Gastronomie: Eine gepflegte Präsenz auf Facebook oder Instagram war schon zuvor von großem Vorteil. Wie entscheidend eine eigene Community sein kann, wurde vielen aber erst richtig bewusst, als in der Coronakrise soziale Medien plötzlich zu Onlineshops wurden, und Freunde und Follower ihr Lieblingsrestaurant durch Lieferbestellungen unterstützten. Diejenigen, die während der Krise den Kontakt zu ihrer Community halten und ihn nach den Lockerungen auch wieder schnell aktivieren konnten, hatten nicht nur einen Wettbewerbs-, sondern einen Überlebensvorteil. Und mit Werbung in den sozialen Netzwerken konnte man für kleines Geld noch zusätzliches Publikum im Umkreis generieren. Unter solchen Umständen ist die Präsenz in den sozialen Netzwerken kein Nice-to-have, sondern ein Must-have.

Quickstarter –
Facebook und Co. beherrschen

#1 Welche Kanäle dürfen es denn sein?

Beachten Sie bei der Auswahl zwei Faustregeln: 1. Weniger kann mehr sein: Die meisten meiner Kunden neigen dazu, gleich alle Kanäle bespielen zu wollen, um schnellstmöglich an neue Nutzer zu kommen. Dies führt in der Regel zu Frustration, da sie den Aufwand unterschätzen und der Ertrag länger auf sich warten lässt als gedacht. 2. Dämpfen Sie Ihre Erwartungen: Sie brauchen Geduld und Standhaftigkeit, um eine Fangemeinde auf Social-Media-Kanälen aufzubauen. Oftmals dauert es Jahre, bis sie so groß ist, dass sich nachweisbare Umsätze daraus entwickeln.

#2 Redaktionspläne helfen

Social-Media-Marketing erfordert neben Spontanität auch exakte Planung. Machen Sie sich eine Tabelle und planen Sie wöchentlich oder monatlich mindestens einen Post. Alles, was sich zusätzlich spontan ergibt, tut Ihrem Kanal auch gut. Aber das Grundgerüst wird mit Ihrem Redaktionsplan vorbereitet, umgesetzt und gepostet.

#3 Was nicht messbar ist, ist nicht steuerbar

Dieser Marketinggrundsatz gilt selbstverständlich auch für Social Media. Überprüfen Sie regelmäßig die Engagement-Rate auf Ihren Kanälen. Soziale Netzwerke verlangen Entscheidungen. Wenn Sie zum Beispiel nach einem halben Jahr bei Twitter nur zehn Follower haben, dann ist dieser Kanal nichts für Sie. Wenn Sie die Stunden, die Sie mit der Pflege verbracht haben, mit Ihrem Stundensatz multiplizieren, erkennen Sie schnell, wie viel Geld Sie bereits verbrannt haben. Schalten Sie ineffiziente Kanäle ab und konzentrieren Sie sich auf diejenigen, die etwas bringen. Auch wenn dann gegebenenfalls nur einer übrig bleibt!

12 Standortbasiertes Marketing

Wussten Sie schon, dass Sie Kunden ganz gezielt in der direkten Umgebung Ihres Ladenlokals über deren Smartphone ansprechen können? Gerade für lokal orientierte Unternehmen ist dies äußerst spannend. Dieses Kapitel erläutert, wie standortbasiertes Marketing funktioniert, aber auch welche Hindernisse es gibt und was Sie konkret vor Ort tun können.

Wer schon mal in Hamburg war, kennt das Prinzip: Man spaziert nichtsahnend über den Fischmarkt oder an den Landungsbrücken entlang und wird plötzlich angesprochen, ob man nicht einen Hering kaufen oder eine Hafenrundfahrt machen möchte. Und meistens funktioniert es sogar, weil in dem Moment einfach alles zusammenpasst.

Würde es Ihnen nicht auch gefallen, potenzielle Neukunden im direkten Umfeld Ihres Ladenlokals, Ihrer Praxis oder Ihres Cafés direkt über deren Smartphone ansprechen zu können? Wäre es nicht interessant, so auf Ihre Tageskarte aufmerksam zu machen, Ihre neu eingetroffenen Laufschuhe anzubieten oder über die aktuelle Wartezeit an Ihrer Servicestation zu informieren? Das geht nicht? Doch, das geht, und es ist eine der präzisesten und erfolgversprechendsten Onlinemarketingmaßnahmen, die Sie anstoßen können.

Standortbasiertes Marketing (Location-based Marketing) ist eine Methode, bei der ein bestimmtes geografisches Gebiet definiert wird, in dem digitale Anzeigen geschaltet werden sollen. Dieses Gebiet kann sehr kleinteilig sein und zum Beispiel nur eine Straße oder ein Gebäude umfassen. Sobald ein potenzieller Kunde den virtuell eingezäunten Bereich betritt, werden die Anzeigen ausgelöst und erscheinen auf dem Display seines Smartphones als Push-Nachricht. Der Nutzer kann sich nun entscheiden, Ihren Laden zu besuchen.

Damit schafft Location-based Marketing die vielzitierte Verbindung zwischen dem Offline- und dem Onlineverhalten von Konsumenten. Der hyperlokale, also auf das unmittelbare Umfeld eingegrenzte Bezug mit standortgenauen Daten ermöglicht eine maximale Relevanz Ihrer Werbebotschaften bei lokalen Zielgruppen und bietet damit eine signifikant höhere Wahrscheinlichkeit, dass potenzielle Kunden Sie besuchen!

Doch es gibt einen Wermutstropfen: Standortbasiertes Marketing funktioniert nur, wenn der Smartphonenutzer die Standortermittlung und die Zusendung von Push-Nachrichten aktiv erlaubt hat. Das heißt konkret: Diese Maßnahmen benötigen immer die explizite Zustimmung des Nutzers (Opt-in-Verfahren), dass er mit der Zusendung von Werbenachrichten einverstanden ist.

12.1 Wie funktioniert Location-based Marketing?

Technische Grundlagen

Die hyperlokale Neukundenansprache basiert vor allem auf drei Techniken:

Geofencing Beim Geofencing (fence = Zaun) wird um Ihren Firmenstandort ein virtueller Radius gezogen. Tritt ein Nutzer mit seinem Smartphone in diesen Umkreis ein, erscheint Ihre Werbebotschaft auf seinem Display. Der potenzielle Kunde muss allerdings eine App installiert haben, die diese Technik im Zusammenspiel mit GPS- oder Funkzellendaten ermöglicht.

WiFi- oder WLAN-Hotspots Wenn Sie einen öffentlichen Platz, einen Flughafen oder ein Einkaufszentrum betreten, wird Ihnen oftmals als Service ein kostenfreier WLAN-Zugang angeboten. Das können Sie in Ihrem Ladenlokal, Ihrem Cafe oder in Ihrer Praxis auch einrichten. Ganz nebenbei können Sie die

kostenfreie Nutzung Ihres Hotspots an die Bedingung knüpfen, Ihre Werbebotschaften und Angebote einblenden zu dürfen. Oder Sie greifen auf einen
Service von Meinungsmeister.de zurück. Das Unternehmen bietet Ihnen für
Ihr Wartezimmer, Ladenlokal oder Café einen WLAN-Zugang, der die E-Mail-
Adressen derjenigen einsammelt, die ihn kostenfrei nutzen wollen. Wie Sie
diese Adressen für Ihr Newslettermarketing nutzen können, habe ich in Kapitel 9 erklärt.

Beacons Als Beacons (wörtlich: Baken oder Leuchtfeuer) werden kleine Sender bezeichnet, die auf der Bluetooth-Technik aufsetzen und Nachrichten an
Smartphones senden können. Ihre Reichweite ist mit 10 bis 20 Metern zwar
deutlich kleiner als beim Geofencing, dafür sind sie aber sehr präzise. Ein Beispiel für den Einsatz von Beacons bietet die Buchhandelskette Thalia: Kunden,
die die Thalia-App installiert und der Zusendung von Push-Nachrichten zugestimmt haben, bekommen beim Betreten einer Filiale Informationen zu
Lesungen, Signierstunden mit Autoren und anderen speziellen Angeboten.
Haben Sie auch schon eine Idee, mit welchem Service Sie Ihren Kunden einen
Mehrwert bieten könnten?

Vertrauen ist der Schlüssel

Location-based Marketing erfordert ein gänzlich neues Nachdenken über Qualität und Quantität der Kundenansprache. Entscheidend für den Erfolg ist, dass
der Kunde dem Medium vertraut, also der zugrunde liegenden App, als Sender
und Vermittler der Anzeige. Das Vertrauen des Kunden, dass seine Privatsphäre
gewahrt wird und es einen konkreten Nutzen für ihn gibt, nicht zu missbrau-
chen, sondern es im Gegenteil durch eine gezielte Ansprache sogar noch aus-
zubauen und angenehm zu gestalten – das ist die große Herausforderung für
die App-Provider.

Voraussetzung für Location-based Marketing ist eine extrem präzise Ortung
von Nutzer-Smartphones via GPS oder WLAN. Denn niemand möchte zu einem
Restaurant angesprochen werden, das sich in fünf Kilometern Entfernung

befindet, in seiner Push-Nachricht jedoch verspricht, nur 50 Meter entfernt zu sein. App-Provider müssen also sicherstellen, dass sie jederzeit den aktuellen Standort des Nutzers feststellen und auswerten können. Das heißt aber auch, dass dem Schutz von personenbezogenen Daten eine besondere Bedeutung zukommt und datenschutzrechtliche Aspekte zwingend berücksichtigt werden müssen. Das betrifft zum einen die App, die Sie als Werbetreibender nutzen möchten, und zum anderen die Zustimmung des Nutzers, dem Sie Nachrichten zusenden möchten.

> Tipp: Bevor Sie die erste Push-Nachricht an Nutzer senden, sollten Sie sich von Ihrem App-Provider bestätigen lassen, dass von jedem Nutzer, der angesprochen wird, eine explizite Zustimmung zur Zusendung von Push-Nachrichten und zur Standortermittlung vorliegt. Ohne diese beiden Zustimmungen sollten Sie keine lokale Kampagne starten.

Finger weg von unlauteren Praktiken

Im Zusammenhang mit standortbasierten Kampagnen werde ich von meinen Kunden in der Regel schon nach zehn Minuten gefragt, ob man einen Geofence auch um den Standort des Wettbewerbers legen darf, um eine Nachricht mit einem Alternativangebot aus dem eigenen Laden abzusenden. Netter Gedanke – aber mein Tipp an dieser Stelle: Finger weg von solchen Praktiken. Sie verstoßen damit gegen das Gesetz gegen den unlauteren Wettbewerb (UWG) und verderben es sich nicht nur mit dem Wettbewerber, sondern auch mit den Empfängern der Push-Nachricht, die gegebenenfalls als Zeugen in einem möglichen Verfahren geladen werden.

Schmaler Grat zwischen echtem Nutzen und Spam

Bei aller Euphorie, Menschen im direkten Umfeld ansprechen zu können, sollte man nicht vergessen, dass ein zu penetrantes Befeuern der Zielgruppe mit Push-Nachrichten das Gegenteil dessen bewirkt, was man eigentlich erreichen will. Wenn Sie tagtäglich Angebote versenden, die keinen Mehrwert bieten und beliebig wirken, werden sich die Nutzer belästigt fühlen und den Service abbestellen. Im schlimmsten Fall entfernen sie sogar die App von ihrem Smartphone, was dem App-Provider nicht gefallen wird. Es ist deshalb sehr wichtig, dass Sie eng mit Ihrem App-Provider zusammenarbeiten. Nehmen Sie sich die Zeit, lassen Sie sich beraten, es lohnt sich.

Für eine gute standortbasierte Kampagne sind fein abgewogene Zutaten erforderlich – und eine saubere Umsetzung. Die erste Erfolgskomponente ist die exakte Definition des Geofence, des virtuell eingezäunten Raums. Dabei sollte man darauf achten, dass sich der Nutzer nicht verfolgt fühlt und besonders sensible Räume (wie zum Beispiel Krankenhäuser) aussparen. Eine weitere Erfolgskomponente ist, wie bei jeder digitalen Marketingkampagne, dass man zunächst das Ziel klärt: Ist es der Download von Apps oder Coupons? Der Abverkauf? Mehr Follower oder Likes? Es sollte zudem berücksichtigt werden, dass Location-based Marketing eine scharf definierte Zielgruppe anspricht und daher eine wesentlich kleinere Reichweite erzielt als eine breit angelegte Anzeigenkampagne. Nur wenn alles perfekt zusammenpasst, kann die digitale Kundenansprache ihre volle Wirkung entfalten. Wenn die Mischung der Zutaten nicht stimmt, lässt sich damit auch leicht Vertrauen zerstören.

12.2 Erfahrungen aus dem „Digitalen Viertel" Köln-Sülz/Klettenberg

Dass Location-based Marketing hervorragende Ergebnisse für Dienstleister und den lokalen Einzelhandel liefern kann, möchte ich Ihnen an meinem in Köln durchgeführten Pilotprojekt „Digitales Viertel" zeigen.

Gemeinsam mit Gelbe Seiten, REWE Systems, der Stadt Köln, dem Fraunhofer-Institut für Angewandte Informationstechnik (FIT), dem German ICT & Media Institute (GIMI), Bitplaces, der TH Köln und nicht zuletzt mit der Interessengemeinschaft ISK Carrée Sülz-Klettenberg e. V. wollten wir es genau wissen: Kann diese Form des Marketings funktionieren und dem Einzelhandel nachweisbar mehr Kundschaft bringen? Wie ist die Wirkung, wenn Nutzer Push-Nachrichten von Einzelhändlern, Gewerbe- und Gastronomiebetrieben quasi im Vorbeigehen erhalten? Gehen sie weiter? Bleiben sie stehen? Oder kommen sie gar in den Laden?

Um das herauszufinden, baten wir 85 lokale Geschäfte der beiden Kölner Viertel Sülz und Klettenberg, bei einem achtwöchigen Test mitzumachen. Im September und Oktober 2016 präsentierten sich diese Geschäfte in der App von Gelbe Seiten als „Digitales Viertel" und testeten die Möglichkeiten von Location-based Marketing. Dazu wurden aktuelle Angebote der Händler als Push-Nachrichten an die Smartphones der vorbeigehenden Nutzer gesendet, und gleichzeitig wurde über Beacons gemessen, ob Nutzer, die eine Nachricht erhalten hatten, anschließend das Ladenlokal des jeweiligen Händlers betraten. Die Ergebnisse des Tests können sich sehen lassen:

- Es haben insgesamt 85 Händler aus nahezu allen Branchen im lokalen Umfeld teilgenommen.
- Im Aktionszeitraum haben alle Händler zusammen insgesamt 134 Angebote eingestellt, die über Geofencing als Push-Nachrichten an Nutzer der Gelbe-Seiten-App gesendet wurden. Insgesamt wurden in 56 Tagen 45.000 Push-Nachrichten an Nutzer versendet, das entspricht 800 Nachrichten pro Tag.
- Insgesamt wurden im Aktionszeitraum 5.500 Push-Nachrichten von Nutzern geöffnet. Das entspricht einer Rate von sagenhaften zwölf Prozent; pro Tag wurden demnach 100 Nachrichten von Nutzern gelesen.

Damit aber nicht genug: Ergänzend dazu wollten wir wissen, ob ein Nutzer im Anschluss an eine Push-Nachricht auch den Laden des entsprechenden Händlers besucht und ob sich das über Beacons messen lässt. Dafür statteten wir gemeinsam mit dem Fraunhofer-Institut für Angewandte Informationstechnik 67 Händler über 19 Tage hinweg mit Beacons aus. Wir konnten in diesem Zeitraum 5.400 Ladenbesuche durch Nutzer der Gelbe Seiten-App messen, also 284 Ladenbesuche pro Tag bei 67 Händlern, oder anders gesagt: im Durchschnitt mehr als vier Besuche pro Händler und Tag! Ein ausgezeichnetes Ergebnis, wie ich finde.

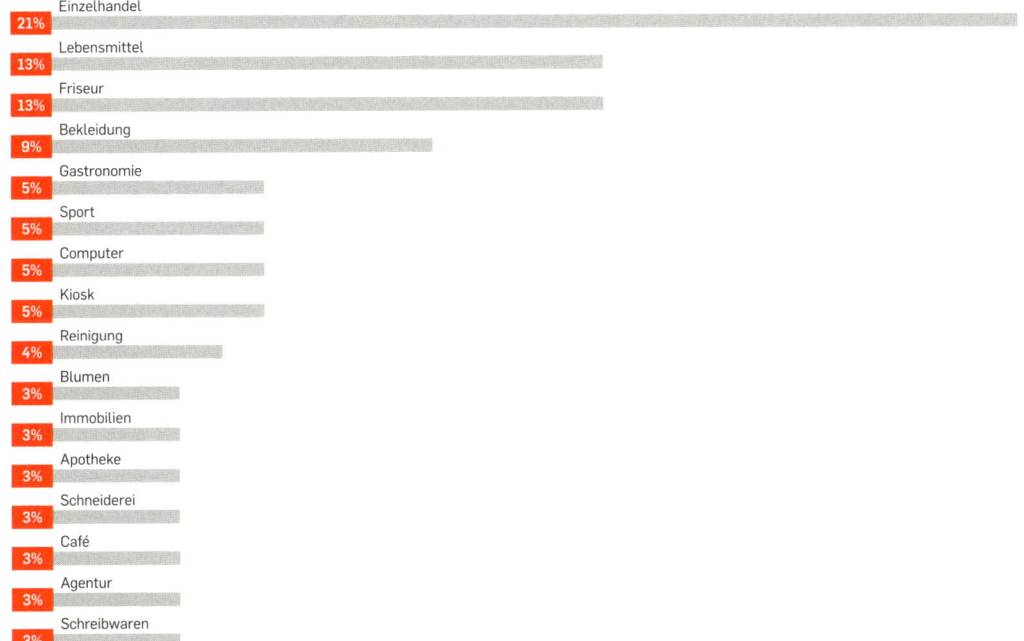

Aus meiner Sicht ist der Beacon das perfekte Zählinstrument – er lieferte den Beweis, dass Push-Nachrichten auch zu konkreten Ladenbesuchen im Handel führen! Bei unserem Test haben sich übrigens Schnäppchenangebote oder ein virtueller Coupon als besonders erfolgreich erwiesen. Der wahrgenommene „Preiswert" ist eben immer noch einer der stärksten Treiber für Käufe.

Befragungen, die wir während des Aktionszeitraums gemeinsam mit der TH Köln durchführten, ergaben, dass 72 Prozent der Nutzer der Gelbe-Seiten-App weiterhin für lokale Angebote aufgeschlossen sind und die App gerne dafür nutzen wollen. Ein Topwert! Doch der Kunde braucht Impulse, um stehen zu bleiben und den Laden oder das Restaurant zu betreten. Da ist eine kontinuierliche Erstellung attraktiver Angebote gefragt. Mein persönliches Fazit des Location-based-Marketing-Tests in Köln-Sülz/Klettenberg lautet:

- Alle Händler erkannten die Notwendigkeit zur digitalen Transformation, scheiterten aber oftmals an der Komplexität der Umsetzung. Das bestätigte auch unsere parallel zum Projekt durchgeführte „Digitalisierungsprüfung" der teilnehmenden Händler. Nur 65 Prozent hatten eine eigene Website, nur 70 Prozent der Websites hatten ein responsives Design, waren also auch für Smartphones geeignet, und nur 43 Prozent hatten ein verifiziertes Google My Business-Profil mit aktuellen Informationen. Mit anderen Worten: Es gibt noch viel Luft nach oben.
- Die standortbasierten Anzeigen wurden von den teilnehmenden Händlern als extrem einfache und wirksame Möglichkeit zur hyperlokalen Nutzeransprache bewertet. Die Klickrate von zwölf Prozent lag durchweg höher als bei anderen lokal digitalen Werbeprodukten.
- Die Werbemittelerstellung und Anzeigengestaltung hatte maßgeblichen Einfluss auf den Erfolg des Angebots und den Ladenbesuch. Gelungene Anzeigen hatten klare und eindeutige Signalwörter und boten konkrete Vorteile (Preis- oder Mengenrabatte). Nicht praktikabel waren Anzeigen ohne konkreten Anreiz und mit einem zu allgemeinen Text. Was die Häufigkeit der Aussendung betrifft, so hat sich gezeigt, dass tägliche Push-Nachrichten vom selben Anbieter als störend empfunden werden. Ganz allgemein kann man sagen: Die besten Resultate wurden mit Anzeigen erzielt, die einmal pro Woche ein neues Angebot mit einem klaren Nutzen (wie zum Beispiel 20 Prozent Preisnachlass oder 2-für-1-Aktionen) enthielten.
- Beacons sind eine perfekte Ergänzung für das standortbasierte Marketing, um einen Ladenbesuch nach einer Geofencing-Anzeige nachzuweisen.

Doch warum haben sich Location-based Marketing und speziell Geofencing sowie der Einsatz von Beacons trotz dieser Erfolge bisher kaum durchgesetzt?

Ein Grund dafür ist, dass Geofencing mit sehr viel Abstimmungsbedarf zwischen lokalem Händler und App-Anbieter verbunden ist, denn es müssen regelmäßig aktuelle und attraktive Angebote entwickelt werden. Dieser Aufwand ist nicht zu unterschätzen. Der Hauptgrund liegt meiner Ansicht nach aber darin, dass die Einführung der DSGVO den Umgang mit personenbezogenen Daten sehr erschwert hat. Dies hat dazu geführt, dass nahezu alle App-Anbieter, die im Bereich Geofencing aktiv waren, sich daraus zurückgezogen haben. Für die digitale Transformation im lokalen Marketing erwies sich das als Innovationskiller. Andererseits kann es für Unternehmen aber auch ein Wettbewerbsvorteil sein, sich des Themas annehmen und den Nutzer am Aufbau transparenter Datenverarbeitungsprozesse zu beteiligen. Dies setzt jedoch voraus, dass Sie über eine eigene App mit vielen Nutzern verfügen, die Sie an Ihren Standorten gezielt ansprechen können. Große Unternehmen wie Media Markt oder IKEA nutzen diese Möglichkeit, für lokal agierende Unternehmen stellt eine eigene App, die auf vielen Kundenhandys installiert ist, jedoch eine große Hürde dar.

Quickstarter –
im Umkreis Neukunden finden

#1 DSGVO und fehlende Apps hemmen die Umsetzung

Geofencing und Beacons galten als vielversprechende Innovationen im lokalen digitalen Marketing. Nüchtern betrachtet hat die DSGVO diese Innovationen allerdings ausgebremst, und ohne eine eigene App mit Millionen Nutzern lassen sie sich kaum realisieren.

#2 WLAN-Angebote

Was Sie im lokalen Marketing sehr gut anwenden können, sind kostenfreie WLAN-Zugänge in Ihrem Ladenlokal, Praxisraum oder Café. Fragen Sie Ihre Kunden oder Besucher doch einfach, ob Sie im Gegenzug deren E-Mail-Adresse nutzen dürfen, um ihnen ab und an attraktive Angebote zuzusenden. In der Regel erlauben Nutzer das. Meinungsmeister.de bietet dazu eine kostengünstige technische Lösung an.

#3 Alternative: Geografische SEA-Anzeigen

Wenn Sie die Möglichkeit einer gezielten Neukundenansprache weiterverfolgen möchten, dann gibt es als Alternative die umkreisbezogene Ausspielung von Werbeanzeigen auf den Seiten von Suchmaschinen. In Kapitel 3 habe ich erklärt, wie Sie sich auf den Ergebnisseiten von Google oder BING in Szene setzen und eine hyperlokale Neukundengewinnung auch ohne Geofencing und Beacons erreichen können – lesen Sie noch mal rein.

13 Ausblick

Abschließend möchte ich Sie auf fünf Entwicklungen aufmerksam machen, die das lokal digitale Marketing in Zukunft maßgeblich beeinflussen und verändern werden. Ich möchte Sie dazu anregen, darüber nachzudenken, was dies für Ihr Geschäftsmodell vor Ort bedeuten könnte. Nutzen Sie diese Impulse, um sich zu fragen, ob Sie darauf vorbereitet sind. Wenn nicht, ist das nicht schlimm, aber behalten Sie diese Themen im Auge, damit Sie auch in Zukunft lokal digital unschlagbar bleiben.

Suchmaschinen –
The rise of the machines

**Oder: Wie sich die Spielregeln durch Machine Learning und künstliche
Intelligenz verändern**

Ohne Ihre Website zu kennen, schätze ich, dass mehr als 50 Prozent Ihrer Besucher über Suchmaschinen zu Ihnen kommen. Suchmaschinen werden auch in Zukunft eine Gatekeeper-Funktion für lokale Besucher Ihrer Website haben, doch werden sich die Spielregeln radikal verändern. Google und BING haben ihre Algorithmen in den vergangenen Jahren durch Machine Learning (maschinelles Lernen anhand von Mustererkennung) und künstliche Intelligenz stetig weiterentwickelt: Es geht nicht mehr darum, auf der Suchergebnisseite die vermeintlich besten Treffer zusammenzustellen, durch die sich der Suchende durchklicken muss, um das für ihn passende Ergebnis zu finden. Der Anspruch der Suchmaschinen ist inzwischen vielmehr, die exakt passende Antwort auf eine Suchanfrage zu liefern.

Ich möchte Ihnen das an einem Beispiel erläutern: Wenn Sie früher in eine Suchmaschine „wand zu hause streichen" eingaben, bekamen Sie eine Liste mit Websites, die passende Inhalte zu den Keywords „Wand", „zu hause" und „streichen" lieferten. Das konnten Anbieter von Wandfarbe sein, Magazine mit Tipps und Tricks zum Streichen von Wänden oder ein regionaler Malermeister, der diese Keywords auf seiner Website eingebunden hat. Heute sieht die Trefferliste von Google wie folgt aus:

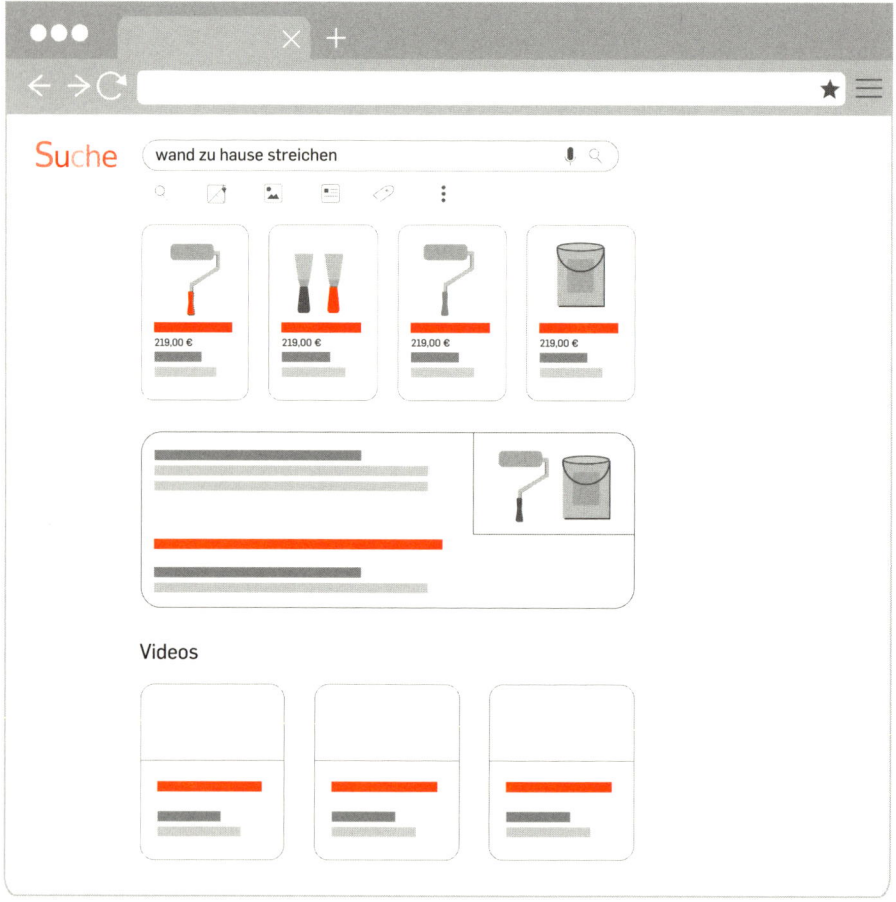

Erkennen Sie den Unterschied? Die Suchmaschine hat auf der Basis von Milliarden Daten, die über den Webbrowser Google Chrome und das Tool Google Analytics täglich erhoben werden, in Verbindung mit künstlicher Intelligenz gelernt, was die passende Antwort auf „wand zu hause streichen" ist – nämlich eine Erklärung, worauf zu achten ist, wenn man die eigenen vier Wände streichen möchte. Deshalb bietet die Suchmaschine Videos an, die zeigen, wie man eine Wand streicht, Tipps und Tricks in einer sogenannten Answerbox und ganz nebenbei noch Shopping-Anzeigen für Farbsprühgeräte und andere Malerutensilien. Im Gegensatz zu früher beantwortet jeder Treffer – egal ob Text, Video oder Shopping-Anzeige – ganz konkret Ihre Suchanfrage. Und das zum Teil schon auf der Trefferliste selbst, sodass der Nutzer Google gar nicht mehr verlassen muss.

Aber woher weiß die Suchmaschine denn nun, welches Video das Richtige ist, um die Suchanfrage zu beantworten? Ganz einfach: Google hat in den vergangenen Jahren Milliarden Dollar in Machine Learning und künstliche Intelligenz investiert, um Mechanismen zu entwickeln, die verstehen können, worum es in einem Video geht. Während die Suchmaschine seit jeher in der Lage war, Texte zu analysieren, kann sie mittlerweile auch Videos, Bilder und Sprache interpretieren. Somit wird alles durchsuchbar – ob Bild, Video, Audio oder Text. Google versteht den Inhalt des jeweiligen Mediums und kann ihn exakt zuordnen. Das geht so weit, dass die Suchmaschine exakt an den Punkt im Film springt, an dem eine konkrete Frage beantwortet wird, und man sich nicht einmal mehr das gesamte Video anschauen muss. Für den Nutzer wird eine Suchanfrage somit zum Sucherlebnis – Google liefert keine Treffer mehr, sondern die exakte Antwort.

Im Jahr 2016 hatte ich Gelegenheit, die Finanzchefin des Google-Mutterkonzerns Alphabet, Ruth Porat, in der Google-Zentrale in Mountain View in Kalifornien bei einem gemeinsamen Frühstück zu treffen. Wie viele meiner aus ganz Europa angereisten Agenturkollegen war ich erpicht darauf, von ihr zu erfahren, mit welchen neuen Produkten und Dienstleistungen in nächster Zeit zu rechnen sei, um daraus gute Produkte für unsere 20.000 Kunden entwickeln zu können. Ruth Porat schaute mich erfreut an und erklärte, dass es für Google derzeit nur einen einzigen Schwerpunkt gebe: künstliche Intelligenz, künstliche Intelligenz und nochmals künstliche Intelligenz. Zunächst war ich enttäuscht von dieser Antwort – denn für uns sprang dabei nichts Neues heraus. Nach vier weiteren Tagen im Silicon Valley verstand ich jedoch, dass der ultimative Wettbewerbsvorteil für Suchmaschinen in Zukunft darin liegen wird, Nutzer und ihre Suchintention immer besser zu verstehen, um ihnen in jeder

Lebenslage die passende Antwort zu liefern. Google möchte seine künstliche Intelligenz spätestens 2029 – also in weniger als zehn Jahren – auf das Niveau eines Menschen gebracht haben.

Was bedeutet dies nun für Ihr digitales Marketing? Die Firmen jumpshot und SparkToro haben analysiert, wie sich die exakte Beantwortung von Fragen durch Google auf das Nutzerverhalten auswirkt. Sie werteten dafür 1,1 Billionen mobile Suchanfragen von Nutzern in den USA in den Jahren 2016 bis 2019 aus. Das Ergebnis wird Sie nicht unbedingt begeistern. Der Anteil der Suchanfragen, die Google bereits selbst auf seiner Trefferliste beantwortet, stieg in diesem Zeitraum von 55 Prozent auf 62 Prozent. Gravierender ist aber, dass die Klicks auf organische Treffer von 45 Prozent auf 38 Prozent zurückgingen und die Klicks auf bezahlte Anzeigen (Google Ads) von gut drei Prozent auf über elf Prozent anstiegen.

Konkret heißt das, dass auf Ihrer Website künftig weniger Verkehr von Google und Co. ankommen wird, weil die Suchmaschinen bereits die Antworten liefern und weil immer mehr und gezieltere Anzeigen dafür sorgen, dass weniger organische Treffer angezeigt und angeklickt werden können. Um auch in Zukunft lokal digital unschlagbar zu bleiben, sollten Sie daher auf folgende Dinge achten:

Answerbox und Featured Snippets Wenn Google mittlerweile fast zwei Drittel aller mobilen Suchanfragen selbst beantworten kann, bedeutet dies, dass Sie sich mit Ihrer Website dort einklinken müssen, wo die Beantwortung der Anfrage stattfindet. Das geht über die sogenannte Answerbox (siehe Seite 31) oder über Featured Snippets (siehe Seite 135). Nur so wird es Ihnen noch gelingen, bei Suchanfragen angezeigt zu werden und sicherzustellen, dass der eine oder andere Nutzer von dort den Weg auf Ihre Website findet.

Contentmarketing Ohne relevanten, auf die Suchanfrage von Nutzern abzielenden Content werden Sie es in Zukunft nicht mehr auf relevante Trefferlisten oder gar in die Answerbox schaffen. Auf Seite 27 und im Kapitel 8 habe ich erklärt, wie Sie mit holistischem Content die Voraussetzungen schaffen, dabei zu sein. Da Google Videos und Bilder mittlerweile genauso gut versteht wie Text, sollten Sie auf jeden Fall mit der Video- und Bilderproduktion für Ihr Contentmarketing starten. Der Run auf Videos und Play-Buttons ist ungebrochen und wird in Zukunft noch stärker an Bedeutung gewinnen.

Suchmaschinenwerbung Denken Sie daran, dass bezahlte Werbung bei Google, BING oder Facebook Traffic und – noch viel wichtiger – lokal relevante Kontakte, Anrufe und Anfragen einbringen kann. Als lokales Unternehmen sollten Sie die in Kapitel 3 beschriebenen Möglichkeiten nutzen, zum Beispiel Anzeigen, die geografisch ausgespielt werden, oder Call-only-Kampagnen. Lesen Sie einfach nochmal rein!

Die Macht des Play-Buttons

Oder: Wie sich YouTube, die zweitgrößte Suchmaschine in Deutschland, immer stärker in Ihre lokale Zielgruppe vorkämpft

Wussten Sie, dass YouTube mit seinen unendlichen Do-it-yourself Videos, -Filmen und -Musikvideos nicht nur zu den Lieblingsplattformen Ihrer Kinder gehört, sondern gleichzeitig die zweitgrößte Suchmaschine in Deutschland ist? In Zukunft werden Videos noch viel mehr Einfluss auf das lokal digitale Marketing haben. Dies liegt im Wesentlichen an zwei Entwicklungen: Zum einen lieben Internetnutzer die kleinen Videos, die alles Mögliche auf dieser Welt erklären, und zum anderen folgen Suchmaschinen diesem Trend, indem sie Videos sehr prominent auf ihren Ergebnisseiten einbinden. Dabei ist YouTube unangefochten die Nummer eins. Die Firma Searchmetrics hat herausgefunden, dass die Videos, die Google auf der Trefferliste nebeneinander im sogenannten Video-Karussell präsentiert, zu 98 Prozent von YouTube stammen. Wie ich bereits beschrieben habe, versteht die Suchmaschine den Inhalt von Videos immer besser, der Trend zu mehr Filmen auf der Trefferliste wird deshalb noch zunehmen. Für unser lokal digitales Geschäft spielen drei Varianten eine besonders große Rolle:

Live-Videos Sie werden von Unternehmen für Interviews, Produktdemos oder Einblicke hinter die Kulissen ihrer Marke genutzt. Diese Videos können auf YouTube oder auf anderen Social-Media-Kanälen wie Facebook und Twitter gestreamt werden. Während des Live-Videos können Zuschauer Fragen stellen und sich aktiv ins Geschehen einbringen.

1:1-Videos bzw. personalisierte Videos Diese Form eignet sich für die individuelle Ansprache von Kunden und Interessenten. Ein 1:1-Video kann eine wunderbare Ergänzung zum E-Mail-Marketing sein, besonders dann, wenn es Ihnen gelingt, den Film zu personalisieren. Pfiffige Dienstleister können Ihnen zum Beispiel in jedes einzelne Video den Namen des Kunden einbauen. Sie können davon ausgehen, dass jeder Empfänger das Video mit Ihrem Angebot bis zum Ende anschauen wird, um zu sehen, wie das Ganze ausgeht.

Videos im Wohnzimmer der lokalen Zielgruppe Speziell regionale Unternehmen haben sehr gute Chancen, mit kurzen, prägnanten und lokal relevanten Videos in den Suchergebnissen von YouTube auf den vorderen Plätzen aufzutauchen und sich als Vorreiter gegenüber den Wettbewerbern zu positionieren. Im Kapitel 11 habe ich beschrieben, wie Sie damit auf die heimischen Fernseher von 56 Prozent aller deutschen Haushalte gelangen können – schauen Sie noch mal rein.

Dem Omnichannel gehört die Zukunft

Oder: Wie Sie es vermeiden, Kunden und Umsatz an andere Kanäle zu verlieren

Der Begriff Omnichannel bedeutet, dass Sie Ihre Produkte und Services auf allen Kanälen anbieten, also stationär, online und mobil. Die Zeiten der Pure Player, also der Anbieter, die nur auf einen Kanal setzen, sind vorbei. Selbst reine Online-händler gehen dazu über, mit sogenannten Flagship-Stores auch in der analogen Welt präsent zu sein. Ein prominentes Beispiel dafür ist der Onlineshop fahrrad. de, der mittlerweile auch in fünf Städten Filialen unterhält, um vor Ort sichtbar zu sein und die Marke stärker in das Bewusstsein der Kunden zu rücken.

Wenn Sie sich mit diesen Fragen beschäftigen, muss Ihr erster Gedanke immer Ihren Kunden gelten. Und die wollen nicht zwischen Kanälen unter-scheiden müssen – umgekehrt heißt das für Sie: Sie müssen auf möglichst vie-len Kanälen zu finden sein. Omnichannel kann allerdings auch nicht heißen, blindlings alle Kanäle zu bespielen. Sie sollten vielmehr Ihre Unternehmens-strategie und Ihre Zielgruppen sorgfältig definieren und dann genau auf den Kanälen aktiv und erreichbar sein, die für Ihre Zielgruppe maßgeblich sind. Was passiert, wenn die Präsenz eines Unternehmens nicht ausreichend diversi-fiziert ist, hat die Coronakrise gnadenlos aufgedeckt.

Man muss aber nicht gleich die Auswirkungen einer Pandemie bemühen, um zu erkennen, welche Vorteile das Omnichannel-Prinzip bietet. Am Ende von Kapitel 3 habe ich bereits kurz auf den ROPO-Effekt (Research Online, Pur-chase Offline) hingewiesen. Er beschreibt, wie die Grenzen zwischen Online- und Einzelhandel verschwimmen, weil Kunden online recherchieren und dann im stationären Handel einkaufen. Böse Zungen behaupten zwar, es sei eigentlich andersherum, Kunden ließen sich im Fachhandel beraten, um dann möglichst billig online zu bestellen. Dies trifft allerdings nur in sehr geringem Maße zu, wie die Omnishopper-Studie 2.0 aus dem Jahr 2019 herausgefunden hat. Sie untersuchte sämtliche Kombinationsmöglichkeiten, also Recherche online/offline und Kauf online/offline, und kam zu dem Ergebnis, dass die Kombination Beratung im Handel, Bestellung im Internet in nahezu allen Branchen nicht mehr als fünf Prozent ausmachte. Der ROPO-Effekt war hingegen zwei- bis dreimal größer. Eine weitere Erkenntnis dieser Studie ist, dass Mischformen abnehmen werden. Das heißt, diejenigen Kunden, die im Internet recherchieren, bestellen auch online, und diejenigen, die sich im stationären Handel beraten lassen, kaufen auch direkt dort.

Das bedeutet nicht, dass Sie sich für einen Weg entscheiden müssen – im Gegenteil: Die Schlussfolgerung lautet vielmehr: Sie sollten online und offline präsent sein, und beide Wege optimal, einfach und erlebnisreich für den Kunden gestalten. Ob Ihr Schwerpunkt auf online oder offline liegt, hängt natürlich auch von Ihrer Branche ab. Wenn es zum Beispiel um Eintrittskarten, Bahnfahrscheine, Flugtickets, Mietwagen oder Telefon- oder Stromverträge geht, erledigt mehr als die Hälfte der Nutzer alles online. Besonders stark ist dieser Trend in der Hotelbranche: Ganze 78 Prozent der Kunden recherchieren und buchen im Internet. Auch kleine und mittlere Hotels haben gelernt, damit zu leben. Sie wissen, wie wichtig es ist, auf allen Kanälen präsent zu sein, und haben Strategien entwickelt, um große Buchungsportale zu ihren Gunsten zu nutzen, anstatt sie nur als Feind zu sehen.

Auch meine Frau, die zusätzlich zu ihrer eigenen Internetagentur detscher-design.de Künstlerin ist, verkauft Ihre Kunstwerke nicht mehr nur über ihr Atelier. Seit wenigen Monaten betreibt sie einen eigenen Onlineshop unter kunst-bilder.de und verkauft im Durschnitt pro Monat ein Bild über diesen neuen Vertriebsweg. Wann wird Ihre Branche so weit sein?

Da der Trend zum Ominchannel in allen Branchen unumkehrbar ist, möchte ich Ihnen noch drei Ratschläge mit auf den Weg geben.

Fragen Sie Ihre Kunden Wenn Sie nicht genau wissen, wo Sie mit Ihrer Omnichannel-Strategie ansetzen können, dann fragen Sie einfach die, um die sich alles dreht: Ihre Kunden. Machen Sie sich den Spaß, bei allen Kundenkontakten, die Sie und Ihre Mitarbeiter haben, abzufragen, über welchen Kanal sie auf

Ihr Unternehmen aufmerksam geworden sind, welche Kanäle sie sonst noch nutzen und wie sie künftig am liebsten mit Ihnen in Kontakt treten würden. Sie werden dann schon nach wenigen Tagen ein erstes Bild haben, auf welche Kanäle es ankommen könnte!

Es kann auch ein digitaler Service sein Sie dürfen das Omnichannel-Prinzip nicht einfach nur mit einem Onlineshop gleichsetzen. Es kann auch bedeuten, dass Ihre Zielgruppe sich eines gut gepflegten Social-Media-Kanals mit Terminbuchung bedienen würde und anstatt eines Onlineshops mit dem Angebot Click & Collect zufrieden wäre.

Machen Sie die Schotten dicht Fangen Sie morgen an, über Omnichannel nachzudenken. Warten Sie nicht – Ihre Wettbewerber werden früher oder später in die gleiche Herausforderung getrieben – machen Sie den Anfang, und bewahren Sie sich Ihre Marktführerschaft vor Ort!

1:1-Marketing

Oder: Wie Sie verhindern, dass die Plattformökonomie immer tiefer in Ihre Kundebeziehungen eindringt

Einfach ausgedrückt, besteht das Prinzip der Plattformökonomie darin, dass ein Digitalunternehmen anderen Unternehmen den Zugang zu deren Kunden über die eigene Plattform verkauft. Google, Amazon, Facebook, Apple sind die prominentesten Vertreter dieser Zunft. Aber auch der Taxidienst Uber, der kein einziges Taxi selbst betreibt, oder die Firma Airbnb, die über keine einzige eigene Ferienwohnung verfügt, haben digitale Plattformen entwickelt, die zu zentralen Anlaufstellen geworden sind, und sich so eine nahezu monopolartige Position verschafft. Anbieter kommen an solchen Plattformen nicht vorbei, da diese über die notwendigen Kundenbeziehungen verfügen, Nutzer sind darauf angewiesen, weil diese Plattformen alle Anbieter im Katalog haben. Sicher fallen Ihnen auch in Ihrer Branche Beispiele für digitale Eindringlinge ein. Wahrscheinlich denken auch Sie beim Onlineeinkauf als Erstes an Amazon, vermutlich greifen auch Sie bei Ihrer Suche auf Google zurück und haben womöglich auch schon die Dienste von Uber, FreeNow und Co. in Anspruch genommen.

Ich bezeichne diese Geschäftsmodelle gerne als digitale Intermediäre, die ihre hochgradig skalierbaren Plattformen dafür nutzen, um sich mit aller Macht an das Wertvollste heranzupirschen, was Sie mit Ihrem lokalen Unternehmen über Jahrzehnte erfolgreich aufgebaut haben: Ihre Kundenbeziehungen! Eine Bitkom-Umfrage aus dem Jahr 2019 unter 500 mittelständischen Unternehmen ergab, dass drei von zehn Unternehmen die Plattformökonomie für ein Risiko halten. Als Hauptgründe für diese Einschätzung nannten sie den einfachen Markteintritt für Wettbewerber, einen erhöhten Preisdruck sowie den Verlust der direkten Kundenbeziehung.

Verstehen Sie mich nicht falsch: Ich bin kein Gegner der Plattformanbieter – immerhin arbeite ich mit fast allen seit Jahren erfolgreich zusammen. Die Plattformökonomie ist durchaus nützlich, wenn es darum geht, an potenzielle lokale Neukunden zu kommen, in den digitalen Verkauf einzusteigen oder über soziale Netzwerke eine lokale Fangemeinde aufzubauen. Alle diese Aspekte der modernen Plattformökonomie sollten Sie unbedingt nutzen. Doch möchte ich Ihren Blick auf einen Aspekt lenken, der zwangsläufig damit einhergeht: den zunehmenden Verlust von Kundenbeziehungen. Uber ist dafür ein gutes Beispiel: Der Taxidienst aus den USA ist in mehreren deutschen Städten aktiv. Einmal die App installiert, wird das Ziel ausgewählt und der Fahrer geordert, man zahlt bequem über die App und kann nach der Fahrt bewerten, ob alles wunschgemäß geklappt hat. Kunden, die diesen Service genutzt und die App auf Ihrem Smartphone installiert haben, vergessen schnell die Telefonnummern der herkömmlichen Taxis. Die lokalen Taxiunternehmen versuchen zwar oft, dem Kundenverlust mit eigenen Apps zu begegnen, der Erfolg ist aber überschaubar, da sie eben nur regional und nicht deutschlandweit funktionieren. Außerdem bieten sie weniger

Servicefunktionen an, was Fahrerbewertung, Bezahlung oder Sicherheits-button angeht. Erst als die weltweit tätige Plattform in das Geschäft einstieg, stellten die Taxiunternehmer fest, dass ihre seit Jahrzehnten bestehenden Kundenbeziehungen bedroht sind.

Es stellt sich also die Frage, was zu tun ist, damit nicht noch mehr Eindringlinge Ihre Kundenbeziehungen kapern. Die Antwort lautet: Sie müssen versuchen, Ihre bestehenden Beziehungen abzusichern und Ihre Kunden noch sehr viel enger an sich zu binden. 1:1-Marketing ist dafür bestens geeignet.

E-Mail-Marketing, Messengermarketing und guter Kundenservice In den Kapiteln 9 und 10 haben Sie bereits Möglichkeiten der 1:1-Kommunikation mit Ihren Kunden kennengelernt. Vielleicht versenden Sie ja bereits einen monatlichen Newsletter mit aktuellen Tipps und Tricks aus Ihrer Branche und Ihrem Unternehmen? Ich freue mich jedenfalls, wenn ich von meinem Lieblingsgartenbaubetrieb regelmäßig neue Pflanztipps bekomme oder mir mein Steuerberater seinen Mandantenrundbrief mit relevanten Informationen per E-Mail schickt. Natürlich kaufe ich meine Pflanzen dann dort und buche eine zusätzliche Beratungsstunde zu Steuerfragen. Es sind eigentlich ganz einfache Mechanismen, mit denen Sie es schaffen, Ihren Kunden einen signifikanten Mehrwert zu liefern, den eine anonyme Plattform nicht bietet. Sie bringen damit zum Ausdruck, dass Sie Ihre Kunden wertschätzen und bereit sind, mehr zu tun, als nur auf den nächsten Auftrag zu warten. Auch ein guter Kundenservice kann ein differenzierendes Merkmal sein. Es wundert mich immer wieder, warum lokal tätige Unternehmer ihren Service vor Ort nicht prominenter herausstellen. Amazon, Zalando und Facebook bieten das nicht.

Kosten senken E-Mail- oder Messengermarketing kann Ihnen auch dabei helfen, die Marketingkosten für Onlinebestellungen drastisch zu senken. Im Kapitel 2 haben Sie die Vorteile des E-Commerce als Ergänzung zu Ihrem stationären Ladenlokal kennengelernt. Jeden Kunden, den Sie darüber bereits gewonnen haben, können Sie über erneute Ansprachen mit attraktiven Angeboten zum Wiederbesteller und Stammkunden machen. Das sollten Sie unbedingt beherzigen, denn die Neukundenakquise über Suchmaschinen- und Social-Media-Marketing ist bei preissensitiven Käufern, die lediglich auf der Suche nach dem günstigsten Anbieter sind, ein extrem kostspieliges Unterfangen. Diese Mehrkosten können Sie sich sparen, wenn Sie Bestandskunden durch regelmäßige Aktionen zu Wiederbestellern machen und somit gar keine weiteren Kosten haben!

Kunden im Blick behalten Wenn Ihr Geschäft auf zehn Kundenbeziehungen aufbaut, dann kennen Sie jede Facette Ihrer Kunden und sogar deren Geburtstag. Wenn Ihr Erfolg aber von ein paar hundert Kunden abhängt, ist es schon wesentlich schwieriger, den Überblick zu behalten. Dann kann ein sogenanntes Customer Relationship Management (CRM) helfen. Über ein solches CRM-System können Sie nicht nur E-Mail-Marketing betreiben, sondern auch Landingpages für Ihre Google Ads-Kampagne bauen und die gesamte Kundenhistorie einschließlich Bestell- und Retourenverhalten genau beobachten [▓].

Vom Service zur Commodity

Oder: Wie die Digitalisierung aus Ihrer Dienstleistung ein austauschbares Standardprodukt macht

Als Commodity wird ein Rohstoff oder eine Ware bezeichnet, von der die Konsumenten annehmen, es gebe keinerlei Unterschied. Es ist ihnen zum Beispiel egal, an welcher Tankstelle sie den Diesel tanken, entscheidend ist allein der Preis. Auch so mancher Handwerker hat bereits die Erfahrung gemacht, dass er von Kunden als „austauschbar" behandelt wurde. Und die Digitalisierung wird diesen Trend weiter beschleunigen. So ist es durchaus denkbar, dass der bisherige Stammkunde eines Elektrikers in Zukunft nicht nur seine LED-Lampe bei Amazon bestellt, sondern gleich auch noch den Monteur dazu, und das zu einem Preis, der gerade noch kostendeckend ist. Damit wird auch eine Service-leistung zur Commodity.

Das wird es nicht geben? Doch – und es wird mit aller Macht vorangetrieben. Google arbeitet bereits seit einigen Jahren an Anzeigen für lokale Dienst-leistungen (Local Services Ads), bisher allerdings nur für bestimmte Märkte in den USA. Das Besondere: Die Unternehmen werden für diese Werbeform von Google eigens zugelassen („Google guaranteed"), und die Bezahlung an Google erfolgt pro Kontakt, nicht pro Klick. Allerdings scheint das Geschäfts-modell noch nicht ganz aufzugehen, sonst wäre es schon weltweit auf den Weg gebracht. Dahinter steckt jedoch der große Plan, das erfolgreiche Konzept der Suchanzeigen noch näher an den lokalen Konsumenten und die lokalen Unternehmen heranzuführen. In diesem Zusammenhang möchte ich noch einmal unterstreichen, wie wichtig Kundenbewertungen sind, insbesondere bei Google My Business (siehe Kapitel 7), denn sie werden in dem von Google angedachten Modell eine zentrale Rolle spielen und wahrscheinlich die Voraus-setzung sein, um am Zertifizierungsprozess teilnehmen zu können.

Um der Commmodity-Falle zu entkommen, sollten Sie versuchen, Ihre Kun-den besser zu verstehen: Was brauchen sie wirklich? Was wünschen sie sich von Ihnen? Was schätzen sie an Ihnen? Auch eine genaue Marktbeobachtung ist hilfreich: Erstellen Sie eine Liste Ihrer Wettbewerber und ihres Angebots. Behalten Sie nicht nur das Produkt oder die Leistung selbst im Blick, sondern die Kernvorteile und den Service vor und nach dem Kauf. Vergleichen Sie die Produkte und Dienstleistungen mit Ihrem Angebot und machen Sie Möglich-keiten ausfindig, sich abzuheben. Stellen Sie sich auch die Frage, warum Ihre Wettbewerber dieses Differenzierungsmerkmal nicht haben. Möglicherweise wurde es schon einmal ausprobiert, vom Markt aber nicht angenommen.

Bieten Sie Innovationen. Erfinden Sie etwas Neues. Das ist leichter, als Sie denken. Sie müssen nicht das Rad neu erfinden – aber neue Speichen wären gut! Unterstützen Sie Ihre Leistung oder Ihr Produkt mit Serviceleistungen: der kostenlosen Lieferung, einer Geld-zurück-Garantie oder Gewährleistung, einfachen Rückgaberegelungen und Zahlungsbedingungen oder Kundenbindungsprogrammen, kostenlosen Seminaren und Workshops.

Nun wünsche ich Ihnen viel Spaß und Erfolg beim Umsetzen Ihrer neuen lokal digitalen Marketingstrategie. Bewahren Sie sich auf jeden Fall den Mut, Dinge auszuprobieren und im Sinne Ihrer Kunden ständig weiterzuentwickeln. Damit bleiben Sie auch in Zukunft: lokal – digital – unschlagbar!

Ihr
Patrick Hünemohr

DANKE!

Dieses Buch war nur möglich, weil ich das Glück und Privileg hatte, mit Menschen zu arbeiten, die viel Geduld mit mir hatten und in ihrem jeweiligen Spezialgebiet sehr erfahren sind.

Allen voran meiner Familie – meiner Frau Christiane und unseren Kindern Hanna, Pascal und Ella – schulde ich Dank für die vielen Stunden, abends und an Wochenenden, in denen es hieß: „Pst, lasst ihn jetzt besser in Ruhe, er schreibt gerade alles nochmal neu!"

Bei Dr. Damian van Melis und dem Team des Greven Verlags möchte ich mich für den Mut bedanken, Neues zu wagen, und für die kreative Unterstützung bei der Frage: Wie wird aus meinen Ideen ein richtiges Buch? Für das Lektorat danke ich Wera Reusch, die manches geordnet und leichter verständlich gemacht hat. Die schöne Gestaltung dieses Buchs verdanke ich Thomas Neuhaus. Meine Assistentin Janina Vensky hat nicht nur die Grafiken gestaltet, sondern mir auch den Rücken freigehalten, indem sie meine Verpflichtungen als Geschäftsführer der Greven Verlagsgruppe perfekt organisierte. Herzlichen Dank dafür. Ganz besonderer Dank gilt denen, die mir zu vielen Erkenntnissen verholfen haben: unseren Kunden, die uns das Vertrauen schenken, gemeinsam mit ihnen anspruchsvolle digitale Projekte umzusetzen. Und ich danke denen, die diese Projekte mit unseren Kunden verwirklichen: allen Mitarbeiterinnen und Mitarbeitern der Greven- und der TWT-Gruppe. Die Diskussionen mit meinem fachlichen Sparringspartner Klaus Rössler haben mir dabei geholfen, mich noch stärker auf den kleinen und mittelständischen Unternehmer, seine Bedürfnisse und Werte, seine technologischen und wirtschaftlichen Möglichkeiten zu konzentrieren.

Kurzum: Ich möchte mich bei allen – genannten und ungenannten – Kollegen und Mitarbeitern, Kunden und Partnern sowie bei meinem Freundeskreis und meiner Familie ganz herzlich für die intensive Zusammenarbeit und zahlreiche kritische Anmerkungen bedanken – insbesondere für ihre Geduld in Momenten, in denen ich sie nicht hatte.

Quellenverzeichnis

S. 48: https://einzelhandel.de/images/publikationen/Online_Monitor_2019_HDE.pdf

S. 71: https://www.ifhkoeln.de/pressemitteilungen/details/online-payment-konsumentenlieblinge-rechnung-und-paypal-festigen-ihre-fuehrungsposition/

S. 73: https://de.statista.com/statistik/daten/studie/677869/umfrage/conversion-rate-nach-branchen/

S. 114: Eigene Darstellung nach: https://moz.com/local-search-ranking-factors

S. 130: Stone Temple Consulting (Hrsg.): Mobile Voice Usage Trends 2019.

S. 131: https://www.brightlocal.com/research/voice-search-for-local-business-study/

S. 166: https://de.statista.com/statistik/daten/studie/621528/umfrage/umfrage-zum-ziel-von-content-marketing-aktivitaeten/

S. 204: https://www.messengerpeople.com/de/weltweite-nutzer-statistik-fuer-whatsapp-wechat-und-andere-messenger/